陕教出品

全面升级修订　名师详解详析

小学奥数 B版

XIAOXUE AOSHU

JUYIFANSAN

举一反三

五年级

【每周30分钟】

主　　编　李济元

分册主编　王　蕊

编　　写　宋　洁　任云云　张　遥

张　琳　傅士红　王　蕊

谢红芳　张志东　钱　力

陕西新华出版传媒集团

陕西人民教育出版社

·西　安·

图书在版编目(CIP)数据

小学奥数举一反三 : B版 : 修订版. 五年级 / 李济元主编. — 4版. — 西安 : 陕西人民教育出版社，2012.5(2016.4重印)
ISBN 978-7-5450-1678-9

Ⅰ. ①小… Ⅱ. ①李… Ⅲ. ①小学数学课—习题集 Ⅳ. ①G624.505

中国版本图书馆CIP数据核字(2012)第075440号

小学奥数举一反三　B版
5年级
李济元　主编

出　版	陕西新华出版传媒集团 陕西人民教育出版社
发　行	陕西人民教育出版社
地　址	西安市丈八五路58号
邮　编	710077
网　址	http://www.snepublish.com
经　销	各地新华书店
印　刷	蓝田立新印务有限公司
开　本	787mm×1092mm　1/16
印　张	8.5
字　数	170千字
版　次	2012年5月第4版
印　次	2016年3月第38次印刷
书　号	ISBN 978-7-5450-1678-9
定　价	18.00元

编写说明

2002年，《小学奥数举一反三》横空出世。十年来，它风雨兼程一路走来，演绎了全国市场化图书的一个传奇；十年来，它虽然一再被模仿，但从未被超越。

“小学奥数举一反三系列”试图强化一个方法，坚持一个理念，养成一个习惯。

1. 强化一个方法：举一反三

我们推崇这样一种学习方法：融会贯通、触类旁通。我们拒绝这样一种学习态度：囫囵吞枣、不求甚解。

2. 坚持一个理念：学而时习之

任何一个知识点的牢固掌握都要经过多次的反复训练。

3. 养成一个习惯：终身学习的习惯

《小学奥数举一反三 A 版》每天 15 分钟，《小学奥数举一反三 B 版》每周 30 分钟的设计便于学生养成一种持续学习的习惯，以期形成终身学习的好习惯。

《小学奥数举一反三 B 版》自 2006 年出版以来，其销量一直遥遥领先于全国同类图书，其原因是《小学奥数举一反三 B 版》与《小学奥数举一反三 A 版》的完美组合。《小学奥数举一反三 A 版》每天对一个知识点进行一例三练的认知与练习，因其对例与练一一对应的严格设计，使得繁难的奥数变得易于被学生理解和接受，从而增加了学生学习奥数的自信心，提高了学生学习奥数的自主性。而《小学奥数举一反三 B 版》则每周末设计一套基础卷，一套提高卷。基础卷是对《小学奥数举一反三 A 版》周一至周五每天知识点的复习，是巩固性测试；提高卷是对《小学奥数举一反三 A 版》每个专题内容的有机整合、综合提升，是实战型测试。《小学奥数举一反三 A 版》和《小学奥数举一反三 B 版》的组合应用，让学生插上了学习奥数的翅膀，真正实现了日有所进，周有所长。

这次《小学奥数举一反三 B 版》和《小学奥数举一反三 A 版》进行了同步修订，《小学奥数举一反三 B 版》在内容上进行了如下改进：

1. 理顺了各个年级相同专题的难易梯度（如平均数问题、植树问题、盈亏问题等）。

2. 对陈旧试题背景进行了更换（如旧的单位、称谓、物价、利率等）。

3. 增加了热点题型（如钟表问题、经济生活问题等）。

《小学奥数举一反三 B 版》在修订中特别聘请一线名师对答案进行了详细的解答，目的是帮助学生、教师、家长扫除学习中的障碍。

希望我们的努力能帮助你进步，引领你成长。

编　者

目录

第 1 周 平均数 …………………… (1)
第 2 周 等差数列 …………………… (3)
第 3 周 长方形、正方形的周长 …… (5)
第 4 周 长方形、正方形的面积 …… (7)
第 5 周 分类数图形 …………………… (9)
第 6 周 尾数和余数 …………………… (11)
第 7 周 一般应用题(一) …………… (13)
第 8 周 一般应用题(二) …………… (15)
第 9 周 一般应用题(三) …………… (17)
第 10 周 数阵 …………………… (19)
期中测试(一) …………………… (21)
第 11 周 周期问题 …………………… (23)
第 12 周 盈亏问题 …………………… (25)
第 13 周 长方体和正方体(一) …… (27)
第 14 周 长方体和正方体(二) …… (29)
第 15 周 长方体和正方体(三) …… (31)
第 16 周 倍数问题(一) …………… (33)
第 17 周 倍数问题(二) …………… (35)
第 18 周 组合图形的面积(一) …… (37)
第 19 周 组合图形的面积(二) …… (39)
第 20 周 数字趣味题 …………………… (41)
期末测试(一) …………………… (43)
第 21 周 假设法解题 …………………… (45)
第 22 周 作图法解题 …………………… (47)
第 23 周 分解质因数(一) …………… (49)
第 24 周 分解质因数(二) …………… (51)
第 25 周 最大公约数 …………………… (53)
第 26 周 最小公倍数(一) …………… (55)
第 27 周 最小公倍数(二) …………… (57)
第 28 周 行程问题(一) …………… (59)
第 29 周 行程问题(二) …………… (61)
第 30 周 行程问题(三) …………… (63)
期中测试(二) …………………… (65)
第 31 周 行程问题(四) …………… (67)
第 32 周 算式谜 …………………… (69)
第 33 周 包含与排除 …………………… (71)
第 34 周 置换问题 …………………… (73)
第 35 周 估值问题 …………………… (75)
第 36 周 火车行程问题 …………………… (77)
第 37 周 简单列举 …………………… (79)
第 38 周 最大最小问题 …………………… (81)
第 39 周 推理问题 …………………… (83)
期末测试(二) …………………… (85)
参考答案 …………………… (87)

平均数 基础卷

1 期中考试过后,李玲同学语文、数学的平均成绩为91分,语文、英语的平均成绩为88分,数学、英语的平均成绩为93分,李玲三门功课各得多少分?

2 奶糖和水果糖混合起来,成为什锦糖,平均每千克售价9.13元。已知奶糖有35千克,每千克10.3元,水果糖每千克8.5元,那么有多少千克水果糖?

3 7位同学进行跳绳比赛,平均每人跳148下。由于记录失误,李强的成绩被错记成121下,因此他们的平均成绩变成145下,问:李强实际上跳了多少下?

4 几位裁判员为一位体操运动员评分,去掉一个最高分后,平均成绩为8.82分。如果记入最高分,平均成绩为9.04分。已知这位运动员的最高分是9.70分,问:共有几位裁判员?

5 小明一星期看完一本书,平均每天看75页,前3天平均每天看70页,后5天平均每天看78页,他第三天看了多少页?

6 8个数从小到大排成一列,它们的平均数是32,前5个数的平均数是24,后5个数的和是210,中间两个数的平均数是多少?

提高卷

1 以15为首位数的连续67个自然数的平均数是多少？

2 王师傅加工一批零件，前三天共加工97个，第四天加工的零件个数比这四天的平均数还多11个，第四天加工多少个？

3 甲、乙两地相距288 km，一艘客轮从甲地顺水行驶12小时到达乙地，已知船速为每小时20 km，问：客轮从乙地逆水返回甲地时要用多少小时？

4 甲、乙、丙三人共买了9个面包平均分着吃，甲付了5个面包的钱，乙付了4个面包的钱，丙没有带钱，经计算，丙应付4.5元，甲应收回多少钱？

5 有四个数，每次选取其中三个数，算出它们的平均数再加上另一个数，这样计算了四次，得到了下面四个数：86，92，100，106。求原来四个数的平均数。

6 有若干个大于0的自然数，它们的平均数是10，如果去掉最大的一个，余下数的平均数为9；如果去掉最小的一个，余下数的平均数为11，这些数最多有多少个？其中最大的是多少？

等差数列 基础卷

1 计算 1+2+3+…+2012。

2 计算 2+3+4+5+…+2588。

3 求首项为5,公差是3的等差数列的前2000项的和。

4 求首项为10,公差为5的等差数列的前5000项的和。

5 计算 11+13+15+…+97。

6 92+90+88+…+2。

提高卷

1 计算 2012−2010+2008−2006+⋯+4−2。

2 计算 9000−8997+8994−8991+⋯+6−3。

3 求所有被 2 除余数是 1 的两位数的和。

4 求所有被 3 除余数是 1 的三位数的和。

5 有 9 个朋友聚会，见面时如果每个人和其余的每个人只能握一次手，那么 9 个人共握多少次手？

6 有 11 个足球队员在上场前相互击掌表示鼓励，如果每个人和其余队员只击掌一次，那么 11 个人共击掌多少次？

长方形、正方形的周长 基础卷

1 下图是一座楼房的平面图，求这个图的周长。

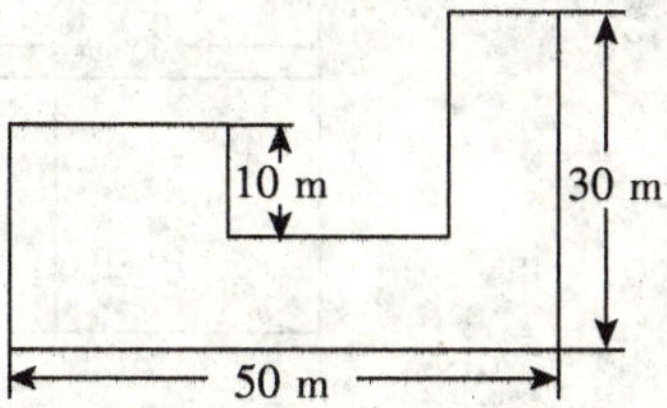

2 把一个正方形分成甲、乙两部分，比较甲、乙两部分周长的长短。

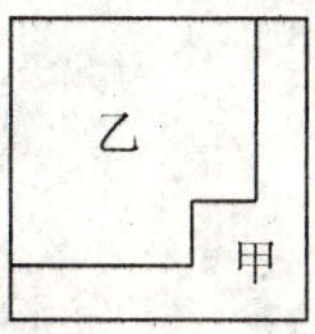

3 两个相同的长方形，长 10 cm，宽 4 cm，按下图叠放在一起，这个图形的周长是多少？

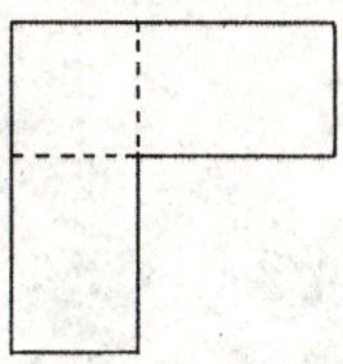

4 用四个完全一样的长方形和一个小正方形，拼成一个周长是 48 dm 的大正方形(如图)，求每个长方形的周长。

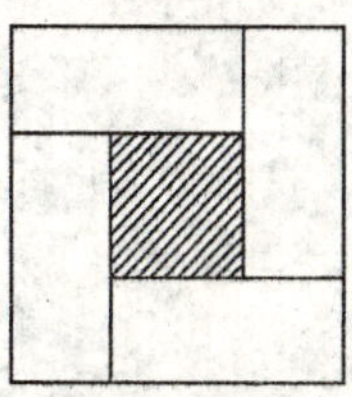

5 求下图的周长。(单位：cm)

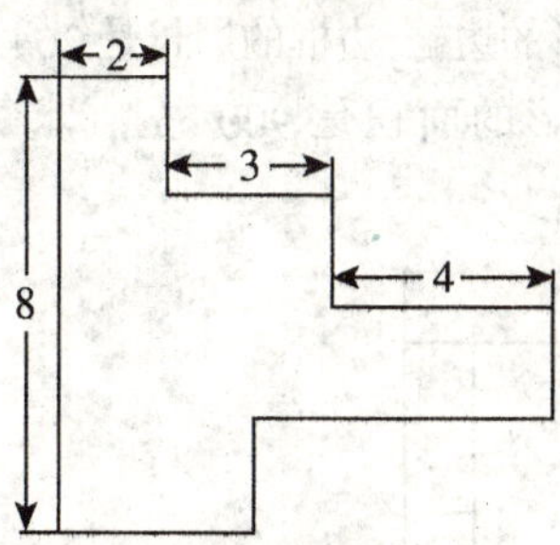

6 下图是由 16 个同样大小的正方形组成的一个“5”字形，已知它的面积是 400 cm^2，求它的周长。

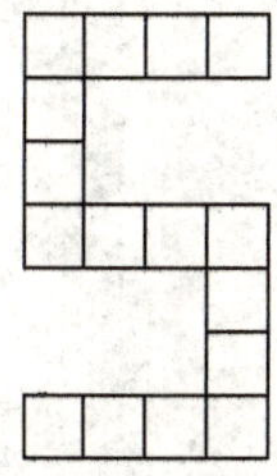

提高卷

1. 如图所示，一张长方形的纸，剪去一个最大的正方形后，剩下一个小长方形，这个小长方形的周长是多少？

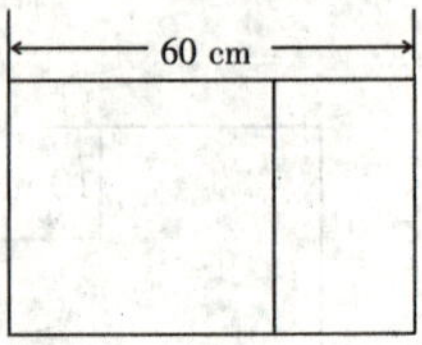

2. 用一个长 8 cm、宽 4 cm 的长方形和七个边长是 4 cm 的正方形，拼成一个大正方形，拼成的大正方形的周长是多少？

3. 一个正方形，边长减少 5 cm，则面积减少 65 cm^2，求原正方形的周长。

4. 在一个边长为 8 cm 的正方形的四个角上各剪去一个边长为 2 cm 的正方形，求剩下的图形的周长。

5. 有一块长方形土地，若长、宽各减少 4 m，剩下的仍然是一个长方形，并且周长为 120 m，求减少部分的面积。

6. 用同样的长方形瓷砖，在一盆盆景的周围镶成大正方形的边框，边框的周长是 264 cm，里面小正方形的面积是 900 cm^2，求每块瓷砖的面积。

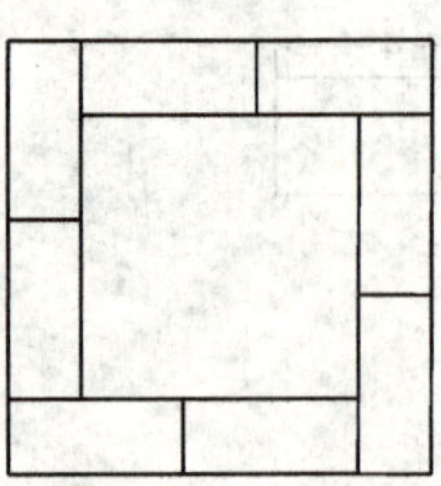

长方形、正方形的面积 基础卷

1 如图所示，一块长方形草地，长 16 m，宽 10 m，中间有两条小路。一条是长方形，宽为 2 m；另一条是平行四边形，短边为 2 m。求草地(阴影部分)的面积。

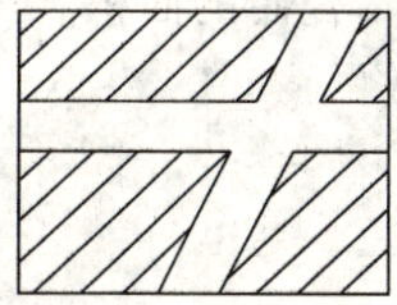

2 一块长方形地，被两条直线分成四个小长方形(如图所示)，其中三个的面积分别是 50 m^2、40 m^2、60 m^2。求阴影部分的面积。

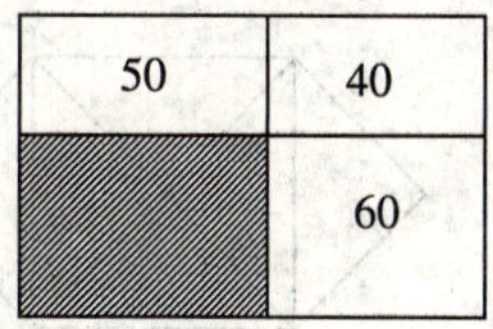

3 一个长方形被分成六个小长方形，其中四个长方形的面积如图所示(单位：cm^2)，求 M、N 的面积。

N	25	15
24	M	18

4 某街心花园，花园中间有一个正方形花坛，在四周有 1 m 宽的水泥路，如果水泥路的总面积是 12 m^2，中间花坛的面积是多少？

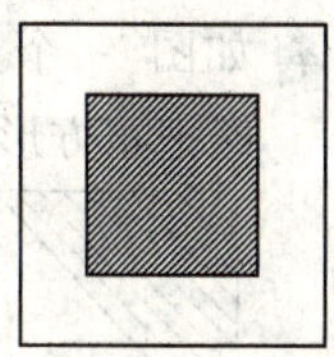

5 一个长方形，如果长减少 5 cm，宽减少 2 cm，那么它的面积减少 66 cm^2，这时剩下的部分正好是一个正方形，求原长方形的面积。

6 如图所示，比较梯形中的两个阴影三角形的面积。

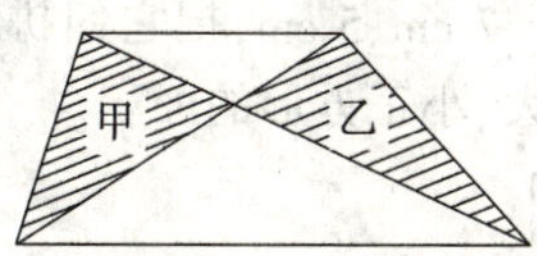

甲的面积(　　)乙的面积

提高卷

1 两块同样大小的白瓷砖和四块同样大的长方形黑瓷砖，分别如图1、图2那样摆放，求一块白瓷砖的面积。(单位：cm)

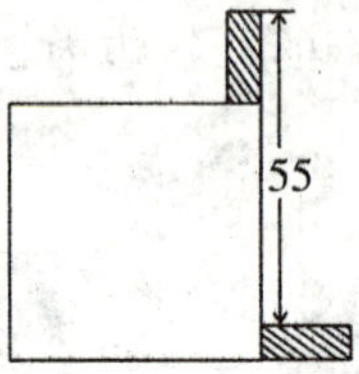

图1

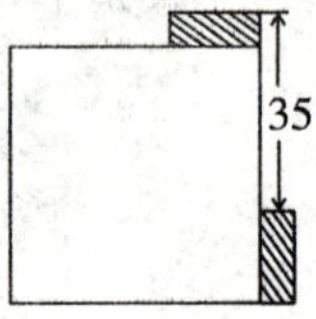

图2

2 下图是由六个相等的三角形拼成的图形，求它的面积。

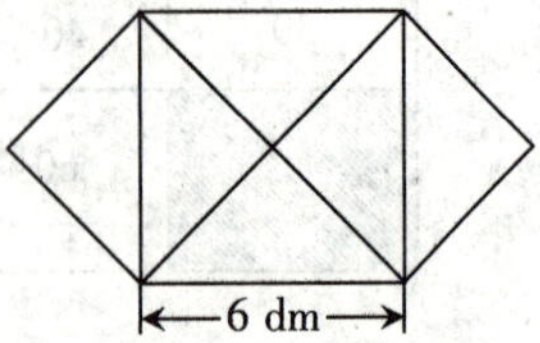

3 一块宽200 m的土地，沿长边的中点挖了一个鱼塘后，剩下的面积比鱼塘的面积多15 000 m^2(如图)，靠鱼塘边的宽还剩下50 m，求鱼塘的面积。

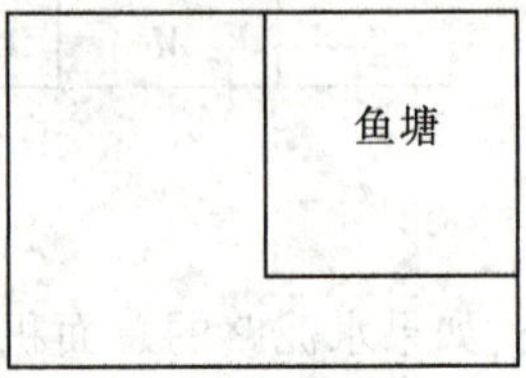

4 如图，一个正方形中套着一个长方形，已知正方形的周长是24 cm，长方形四个角的顶点，恰好把正方形的四条边都分成了两段，其中长段是短段的2倍，求阴影部分的面积。

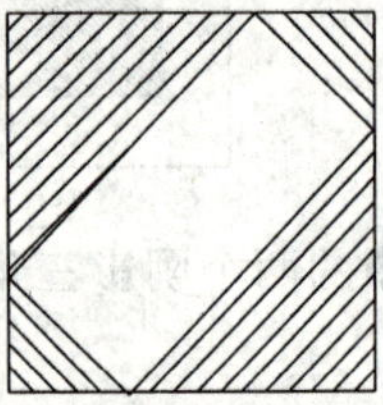

5 有四个完全一样的直角三角形，它们的两条直角边分别是7 cm、5 cm，把它们拼成如图的形状，求大、小正方形的面积。

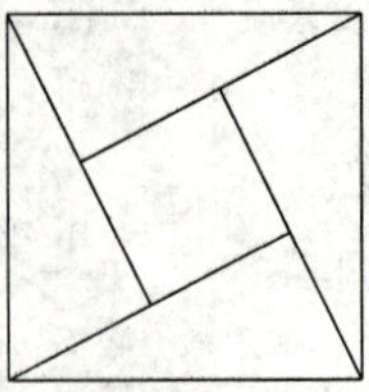

6 下图是一个长为12 cm、宽为6 cm的长方形，把它的长3等分，宽2等分，在长方形内任取一点，把这一点与分点及顶点连接，求阴影部分的面积。

分类数图形 基础卷

1 下图中共有(　　)个直角三角形。

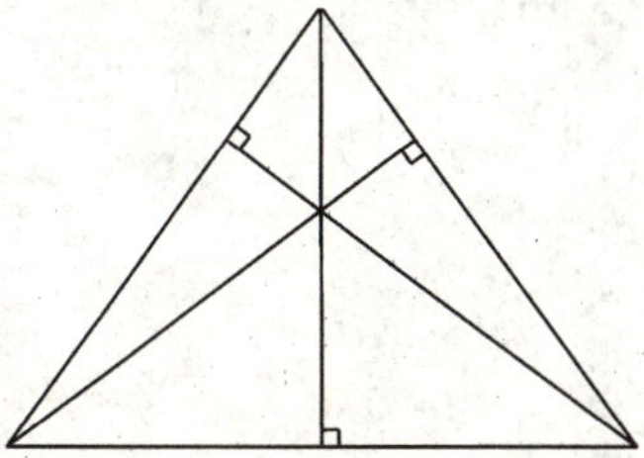

2 下图中共有(　　)个三角形。

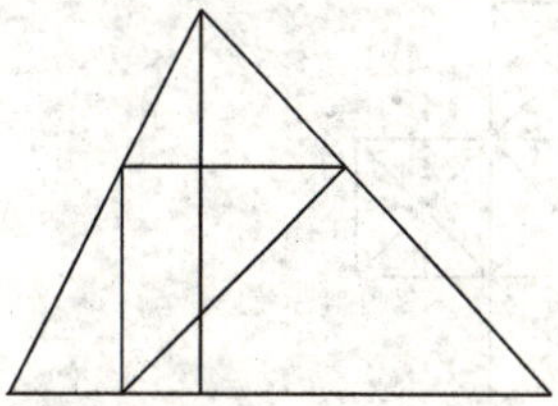

3 下图中共有(　　)个正方形。

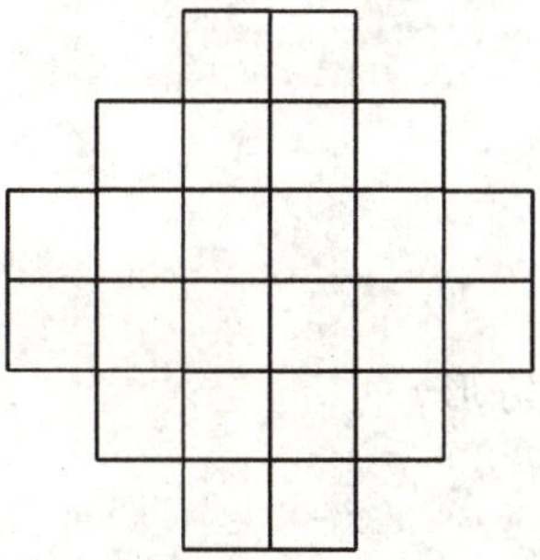

4 下图中共有(　　)个三角形。

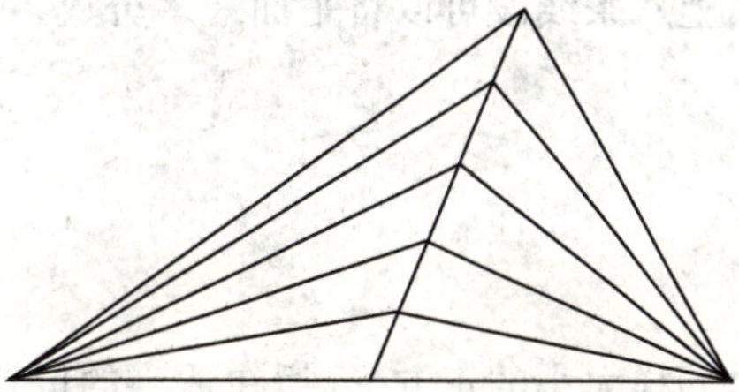

5 下图中共有(　　)个长方形。

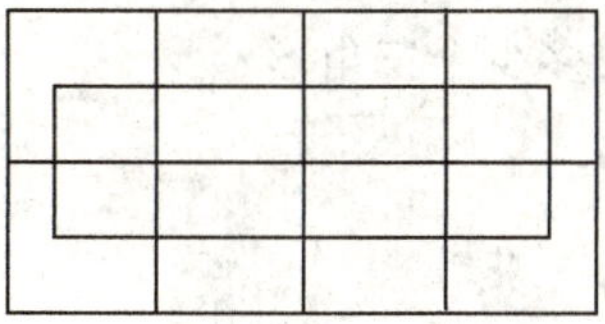

6 下图中共有(　　)个梯形。

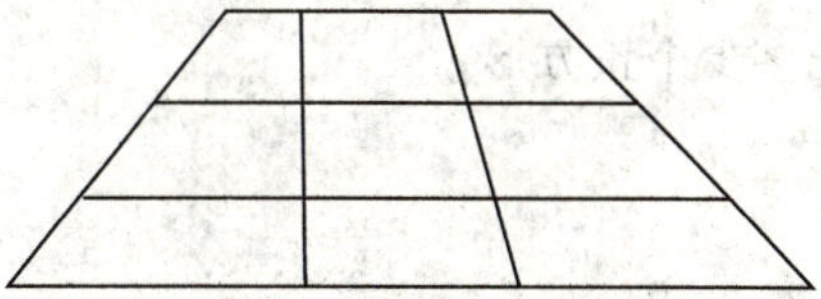

提高卷

1 下图中共有(　　)个正方形。

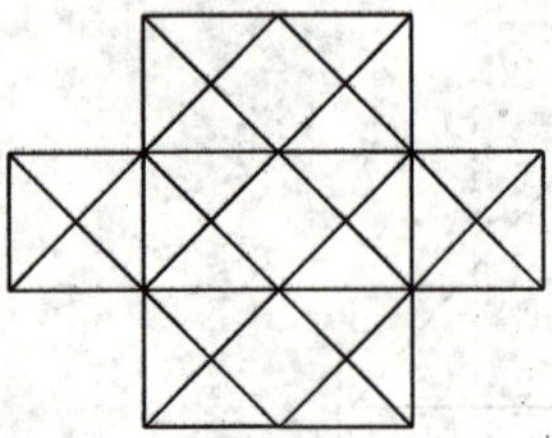

2 三角形中从一个顶点到底边画一条线段可以得到3个三角形,画两条线段可以得到6个三角形,画十条线段呢?

3 平面上八条线段可以将平面最多分成多少部分?

4 三个同样大小的正方形,摆在适当的位置,最多可数出多少个正方形?

5 平面上有16个点,每个点上都钉上钉子,形成一个4×4的钉阵,现有许多皮筋,问:能套出多少个正方形?

6 一个3×3的正方形钉阵,拔掉一个钉子后(如下图),连接任意三点围成一个三角形,共能围成多少个三角形?

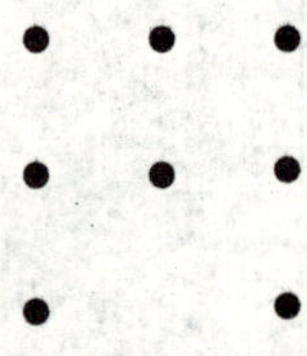

尾数和余数 基础卷

1 设 $N=\underbrace{2\times2\times\cdots\times2}_{1991个2}$,那么 N 的末位数字是几?

2 $18\times28\times\cdots\times98\times108$ 的积的尾数是几?

3 $1\times2\times3\times\cdots\times2019$ 的积的尾数是几?

4 $\underbrace{555\cdots5}_{100个5}\div3$,当商是整数时,余数是几?

5 写出除 156 后余 4 的所有两位数。

6 甲数除以 8 余 7,乙数除以 8 余 6,丙数除以 8 余 5,那么(甲+乙+丙)÷8 的余数是几?

提高卷

1. 有一列数：1，1，2，3，5，8，13，…，即第一、第二个数都是1，从第三个数起，每个数都是前面两个数的和，求第2003个数除以3的余数。

2. 1994位数，各位上的数字都是3，它除以13，商的第200位（从左往右）数字是几？商的个位是几？

3. 求$\underbrace{1.2\times1.2\times\cdots\times1.2}_{96\text{个}1.2}-\underbrace{0.4\times0.4\times\cdots\times0.4}_{100\text{个}0.4}$差的尾数。

4. $\underbrace{(1\times9\times9\times4)\times(1\times9\times9\times4)\times\cdots\times(1\times9\times9\times4)}_{1994\text{个}(1\times9\times9\times4)}$积的尾数是几？

5. 8个格子排成一个正方形，依次编号（如图所示），小玲将棋子放在3号格子上，顺时针方向前进245个格子后又倒退一个格子，这时棋子应在几号格子上？

1	2	3
8		4
7	6	5

6. $1\times2\times\cdots\times100+1\times2\times3\times\cdots\times99+\cdots+1\times2\times3+1\times2+1$的个位数字是几？

一般应用题(一) 基础卷

1. 做一批零件,原计划每天生产 40 个,实际每天比原计划多生产 10 个,结果提前 5 天完成任务,原计划要生产多少个零件?

2. 甲、乙两个工厂都要安装 240 台电脑,乙工厂每小时安装 24 台,当甲工厂完成任务时,乙工厂还有 48 台没有装好,甲工厂每小时装多少台?

3. 一堆煤,原来每天烧 1.8 吨,可以烧 30 天。技术革新后,这堆煤能多烧 6 天,技术革新后每天少烧多少吨煤?

4. 亮亮买了一批纸,订了一本练习册后还剩下 30 张纸,计划 30 天用完,25 天后,用完了练习册又 10 张纸,这本练习册是多少张纸?

5. 4 辆大卡车 5 次运煤 80 吨,3 辆小卡车 8 次运煤 36 吨,现有 51 吨煤,用 1 辆大卡车和 3 辆小卡车同时运,需运几次才能运完?

6. 一段地下管道预计 15 个工人每天工作 4 小时,18 天可以完成,后来要求加快速度,每天增加 3 人,并且每天工作时间增加 1 小时,那么,可以提前几天完成?

提高卷

1. 学生共植杉树苗与杨树苗 100 棵，每小组分杉树苗 6 棵，杨树苗 8 棵，最后杉树苗正好分完，杨树苗还剩下 2 棵。原来杉树苗与杨树苗各有多少棵？

2. 甲、乙两组加工一批零件，甲组每天比乙组多加工 100 个，中途乙组因事停工了 5 天，20 天后，甲加工的零件个数正好是乙加工的 2 倍，这时，两组各加工零件多少个？

3. 狗、兔进行 3000 m 赛跑，狗离终点还有 500 m 时，兔离终点还有 1000 m，如果速度不变，当狗到终点时，兔离终点多少米？

4. 一次速算比赛共有 100 道题，李明一分钟做了 3 道题，张强做 5 道题比李明少用 10 秒钟，那么，张强做完 100 道题时，李明做完了几道题？

5. 甲、乙装订练习本，甲装订 2 小时后乙才开始，因此，前 3 小时甲比乙多装订了120本，又同时装订了 3 小时后，乙比甲多装了600本，求甲、乙每小时各装订多少本？

6. 有面值分别为拾元、伍元、贰元的车票 27 张，共 108 元，拾元的张数比伍元的张数少 7 张，那么，三种面值的车票各有多少张？

一般应用题(二) 基础卷

1. 甲、乙、丙三人用同样多的钱合买西瓜,分西瓜时,甲和丙都比乙多拿了 7.5 千克,结果,甲和丙各给乙 1.5 元钱。每千克西瓜多少元?

2. 14 千克大豆的价钱与 8 千克花生的价钱相等,已知 1 千克花生比 1 千克大豆贵 1.2 元,求大豆和花生的单价各是多少元?

3. 一根绳子三折后绕树余 10 cm,如果四折后绕树就差 20 cm,求树的周长及绳长。

4. 某班学生都订了两份不同的报纸,订《数学报》的有 32 人,订《作文报》的有 40 人,订《英语报》的有 26 人。问:同时订《数学报》《英语报》的有多少人?

5. 26 人中,有 13 人喜欢打篮球,9 人喜欢踢足球,12 人喜欢打排球, 有 2 人篮球、足球都喜欢,另有 2 人排球、足球都喜欢,但没有 1 人三种球都喜欢。问:有多少人喜欢打排球和篮球?

6. 加工一批零件,原计划 15 天完成,实际每天多做 30 个,结果只用 10 天就完成了任务,这批零件有多少个?

提高卷

1. 某校举行小学生画展，其中有31幅不是低年级的，26幅不是中年级的，低年级和中年级的共29幅。那么，高年级有多少幅？低年级呢？

2. 甲、乙、丙三人用同样多的钱买乒乓球，买回来后，甲比乙多拿8个乒乓球，乙比丙多拿了5个乒乓球，最后结算时，甲付给了丙7.2元，在三人之间，谁还应该付给谁多少钱？

3. 买4张办公桌和9把椅子共252元，1张桌子和3把椅子的价钱相等，桌、椅的单价各是多少？

4. 百货公司委托搬运站运送500只花瓶，双方商定，每只运费是0.24元，如打破一只，不但不给运费，而且要赔偿1.26元，结果搬运站共得115.5元，问：打破了几只花瓶？

5. 有两袋糖，一袋有84颗，另一袋有20颗，每次从多的一袋里取出8颗放到少的一袋里去，拿几次才能使两袋糖同样多？

6. 蜗牛沿着10 m高的树往上爬，每天从清晨到傍晚向上爬5 m，夜间向下滑4 m，像这样，从某天清晨开始，第几天爬到树顶？

一般应用题(三) 基础卷

1 甲买一箱苹果和一箱梨,共付55元;乙买了一箱梨和一箱橘子,共付50元;丙买了一箱苹果和一箱橘子,共付45元。求三种水果每箱的价钱。

2 爸爸买一套西服、一条领带和一双皮鞋共用了1425元,已知西服的价钱比领带贵703元,西服和领带一共比鞋贵809元,求西服、领带、皮鞋的单价。

3 甲、乙两个车间织布,原计划每天共织700 m,现技术改进,甲车间每天多织布100 m,乙车间的日产量提高一倍,这样,两车间一天共织了1020 m。甲、乙两车间原计划每天各织布多少米?

4 一根铁丝,截去四分之三,剩下部分正好做一个边长为5 cm的正方形框架,这根铁丝原长多少?

5 甲、乙两人加工某种零件,甲先做了3分钟,而后两人又一起做了2分钟,一共加工零件610个。已知甲每分钟比乙每分钟多加工10个,那么,甲比乙多加工多少个零件?

6 720人外出参观,1辆大客车比1辆面包车多载20人,6辆大客车和8辆面包车载的人数相等,如果都乘面包车,需要几辆?如果都乘大客车呢?

提高卷

1. 有160个机器零件,平均分给甲、乙两个车间加工,乙车间比甲车间晚3小时开工,所以比甲车间晚20分钟完成。已知甲车间加工1个零件和乙车间加工3个零件的时间相同,甲、乙两个车间加工1个零件各需要多长时间?

2. 有红、白球若干,若每次拿出1个红球和1个白球,则拿到没有红球时,还剩下50个白球;若每次拿出1个红球和3个白球,则拿到没有白球时,还剩下50个红球;问这堆红球、白球共有多少个?

3. 老师和学生共100人去植树,老师每人栽3棵,学生每3人栽1棵,一共栽了100棵,问:老师、学生各多少人?

4. 师、徒两人合做264个零件,徒弟先做4小时后又和师傅合做了8小时才完成了任务。已知徒弟每小时比师傅少做3个,师傅每小时做多少个?

5. 一次竞赛,其中五年级和六年级共20人获奖,在获奖者中有16人不是五年级的,有12人不是六年级的,该校有多少人获奖?

6. 甲、乙、丙三人都以均匀的速度进行60 m赛跑,当甲冲过终点时,比乙领先10 m,比丙领先20 m,当乙到达终点时,比丙领先多少?

数阵 基础卷

1 把 3~10 分别填在下图中正方体的八个顶点上的圆圈里，使每个面四个顶点上圆圈中的数的和相等。

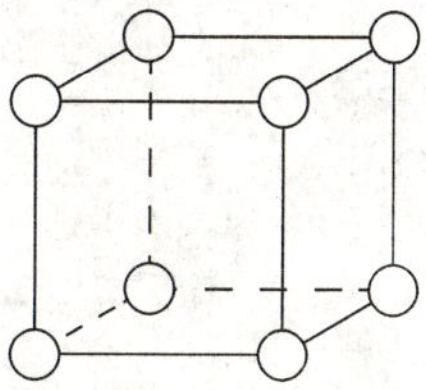

2 把 1~14 分别填入下图中的方格内,使“十一”三笔中每五个方格内的数的和相等。

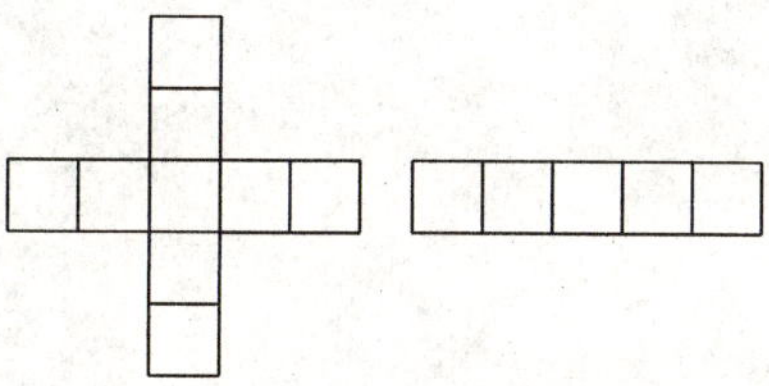

3 把 1~9 分别填入下图的圆圈中,使七个三角形(四个小三角形、三个大三角形)中每个三角形的三个顶点圆圈内的数的和相等。

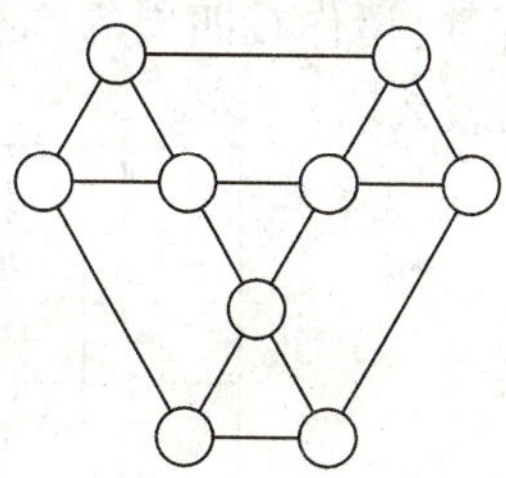

4 把2~11分别填入下图的方格中,每格填一个数,要求图中三个 2×2 的正方形中四数之和相等。

5 把 1~8 分别填入下图的空格中,使图中四边正好组成加、减、乘、除四种运算算式。

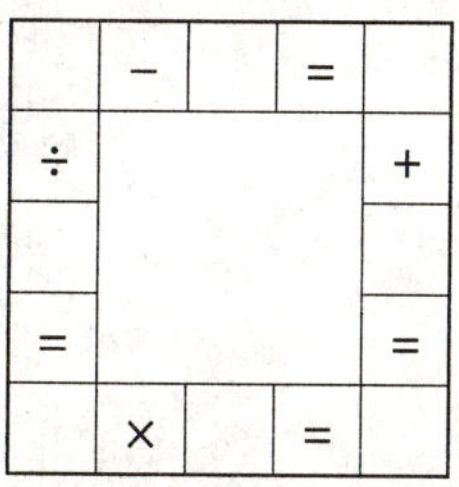

6 把 1~9 分别填入下图的圆圈中,使两条线段上的五个数的和相等,两个四边形顶点上数的和也相等。

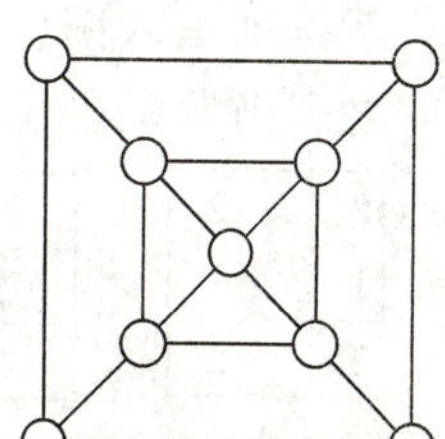

提高卷

1. 如图，三个正方形组成八个三角形，现把每个正方形四个顶点上都分别填上2,3,4,5这四个数，使得八个三角形三个顶点上数的和为连续的八个自然数，这连续的八个自然数各是多少？

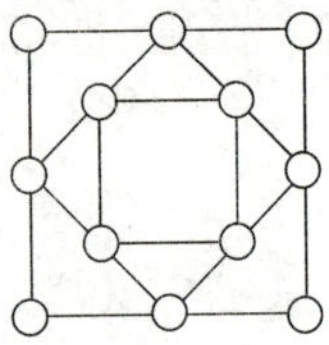

2. 把1~16分别填入下图的十六个圆圈中，使每条线段上四个圆圈内的数的和相等，两个八边形顶点上的数的和也相等。

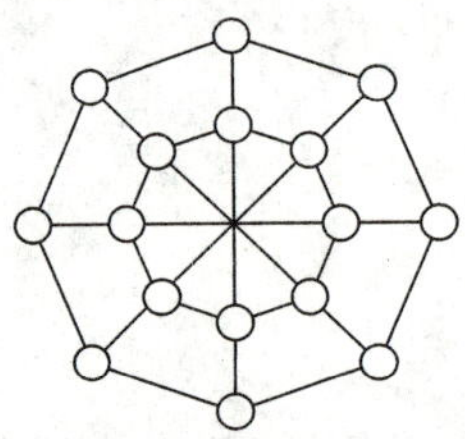

3. 如图，内部四个交点上已经填好数，请你在四周的方格里填上适当的数，使交点上的数恰好等于四周四个方格内数的和，可以怎么填？

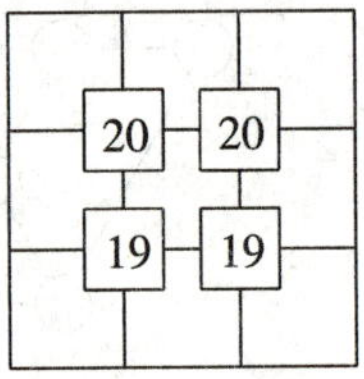

4. 在下图的七个圆圈内各填一个数，要求在每条线上的三个数中，当中的数是两边两个数的平均数，现已填好两个数，求A。

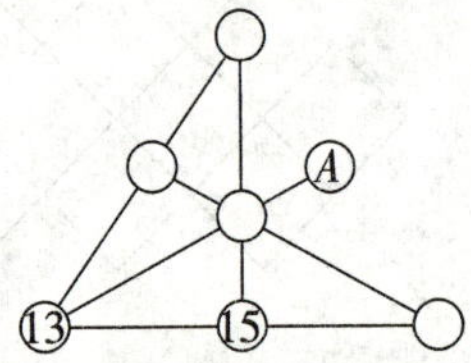

5. 在下图(1)中，每边上的数加起来之和都是5，所有数的和是12，现用任何数字重新排列填入图(2)、(3)中，使每边的数字之和仍为5，但全部数的和是13、14。

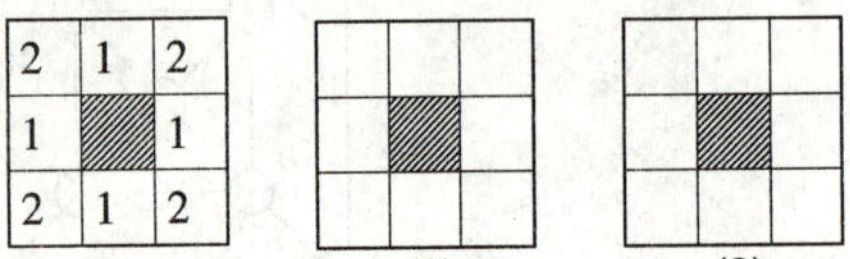

(1) (2) (3)

6. 把1~12分别填入下图的空格中，使四个椭圆、四个圆形、四个正方形及四条直线上的四个数之和都为26。

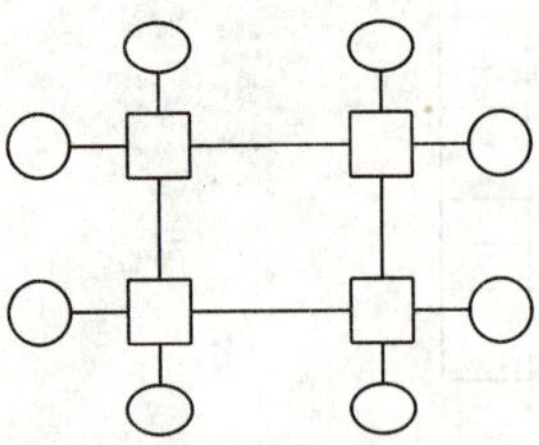

期中测试(一)

1. 某库房有一批钢材,原计划每天用 12 吨,由于提高技术,实际每天比原计划多用 3 吨,这样比原计划少用 8 天,这批钢材有多少吨?

2. 有五堆桃,较小的 3 堆平均有 18 个桃,较大的 2 堆桃数之差为 4 个,较大的 2 堆平均有 26 个桃,较小的 2 堆桃之差为 5 个,最大堆与最小堆平均有 21 个桃。问:每堆各有多少个桃?

3. 某车间按计划每天应加工 50 个零件,实际每天多加工 6 个零件,这样,不仅提前 3 天完成原计划加工零件的任务,而且多加工了 120 个零件,这个车间实际加工了多少个零件?

4. 两组同学跳绳,甲组有 25 人,平均每人跳 80 下;乙组有 20 人,平均每人比甲、乙组的平均数多 5 下,求两组同学平均每人跳多少下?

5. 甲、乙、丙、丁四人共做了 270 个零件,如果甲多做 10 个,乙少做 10 个,丙做的个数乘以 2,丁做的个数除以 2,那么四人做的个数恰好相等。求甲、乙、丙、丁实际做的个数。

6. 甲、乙两队合挖一条水渠,原计划两队每天共挖 100 m,实际甲队因有人请假,每天比原计划少挖 15 m,而乙队由于增加了人,每天挖的是原计划的 2 倍,结果两队每天共挖了 150 m。求原计划每队每天各挖多少米?

7. 某人步行每小时行5 km,骑自行车比步行每千米少用8分钟,骑自行车的速度是步行的几倍?

8 甲每小时生产 12 个零件,乙每小时生产 8 个零件。一次,二人同时生产同样多的零件,结果甲比乙提前 5 小时完成了任务。问:甲一共生产了多少个零件?

9 某厂要生产 360 台机器,实际所用的时间只有计划的一半,实际每天比计划多生产 3 台,实际用多少天完成?

10 五(1)班图书角的文艺书比科技书的 2 倍多 10 本,后来又买来 30 本文艺书,借出了 5 本科技书,这时图书角的文艺书是科技书的 4 倍,原来图书角有文艺书、科技书各多少本?

11 箱子里有红、白两种玻璃球,红球数是白球数的 3 倍多 2 个。如果从箱子里取出 7 个白球,再放进 7 个红球,这时箱子里红球的个数是白球的 4 倍。箱子里原有红球、白球各多少个?

12 将一根电线截成 15 段,一部分每段长 8 m,另一部分每段长 5 m,长 8 m 的总长度比长 5 m 的总长度多 3 m。求这根铁丝的总长度。

13 修一条公路,未修的长度是已修长度的 4 倍。如果再修 200 m,未修的长度就是已修长度的 2 倍。这条公路长多少米?

14 张阿姨用 112 元钱去买窗帘布若干米,由于窗帘布每米降价 1 元,因此,张阿姨所带的钱可以比原来多买 2 m,原来每米多少元?

周期问题 基础卷

1. 有同样大小的红、白、黑珠共 180 个，按 5 个红的、4 个白的、3 个黑的排列着，问：第 158 个珠是什么颜色的？黑珠共有多少个？

2. 2011 年的元旦是星期六，2013 年的元旦是星期几？

3. $\underbrace{111\cdots11}_{1111\text{个}1}\div 6$，当商是整数时，余数是几？

4. 国庆节，路旁挂起一排彩灯，小华看到每两盏白灯之间有红、黄、绿灯各一盏，那么，第 80 盏灯应是什么颜色的？

5. $2020202\times333-3030303\times222$ 等于多少？

6. 下面是一个12位数，每三个相邻的数字之和都是13，你知道问号表示的数字是几吗？

4	?										7

提高卷

1 把自然数按下面的规律排列，758 排在哪一列？

A	B	C	D	E
1	2	3	4	
	8	7	6	5
9	10	11	12	
	16	15	14	13
	…			

2 $\underbrace{(11\times18)\times(11\times18)\times\cdots\times(11\times18)}_{115\text{个}(11\times18)}$ 积的尾数是多少？

3 我国农历用鼠、牛、虎、兔、龙、蛇、马、羊、猴、鸡、狗、猪这 12 种动物按顺序轮流代表各年的年号，已知 2004 年是猴年，2104 年是什么年？

4 把连续奇数 1，3，5，7，…按下图所示的方法排列，问：数 2003 在哪个字母下面？

A	B	C	D
1	3	5	7
15	13	11	9
17	19	21	23
	…		

5 下表中每列上一个汉字和下一个字母组成一组，例如，第一组是（我 A），第二组是（们 B）……问：第 82 组是什么？

我	们	爱	数	学	我	们	爱	数	学	…
A	B	C	D	A	B	C	D	A	B	…

6 有 A、B、C、D 四条直线（如图），从直线 A 开始，按直线方向从 1 开始依次在 A、B、C、D 上写自然数 1，2，3，…

（1）106 在哪条直线上？

（2）直线 B 上第 56 个数是多少？

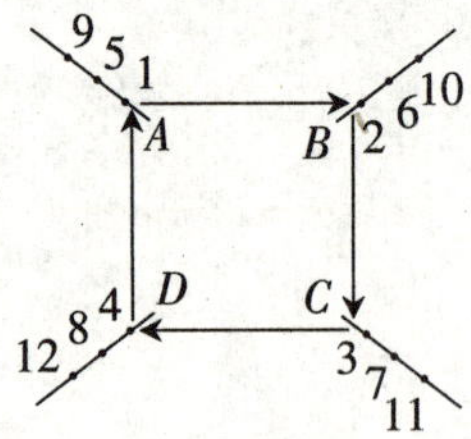

盈亏问题 基础卷

1 老师发练习本奖励三好学生，若每人5本则多24本；若每人8本则多3本，有三好学生多少人？练习本多少本？

2 同学们种树，如果每人种4棵，还差5棵；如果每人种6棵，还差17棵，问：有多少个同学？有多少棵树？

3 货运列车运粮食，每节车厢装100吨，还差一节车厢；每节车厢装120吨，可空下两节车厢，问：有多少节车厢？有多少吨粮食？

4 粮站购进大米和面粉各若干，如果大米增加60吨，面粉减少45吨，则大米和面粉一样多；如果再购进面粉35吨，面粉刚好是大米的3倍。原有大米和面粉各多少吨？

5 妈妈拿钱去买大米，如果买25千克多26元；如果买30千克仍多6元。每千克大米多少元？妈妈带了多少钱？

6 一堆桃子分给一群猴子，如果每只猴子分10个桃子，则有3只猴子没有分到；如果每只猴子分8个桃子，刚好分完。求有多少只猴？多少个桃子？

提高卷

1. 测量水面到桥的高度，把绳对折后垂到水面余 6 m，把绳三折后垂到水面余 1 m，求桥的高度和绳长。

2. 猴子分桃子，如果 2 只猴子各分 5 个，其余各分 3 个，则还剩余 9 个；如果 4 只猴子各分 3 个，其余各分 6 个，则剩余 10 个，问：猴子有几只？桃子有几个？

3. 某校安排学生宿舍，如果每间住 12 人，就会有 34 人没有宿舍；如果每间住 14 人，就会空出 4 间宿舍，问：有多少间宿舍？要安排多少个学生？

4. 苹果的个数是梨的 2 倍，梨每人分 3 个，余 2 个；苹果每人分 7 个少 6 个，问：有多少人？多少苹果和多少梨？

5. 某单位向西北地区某村捐赠寒衣若干，每户 5 件，还余 99 件；每户增加 2 件，仍余 33 件，每户应分多少件可以不余？

6. 五(2)班同学去划船，如果增加一条船，那么每条船只要坐6人；如果减少一条船，那么每条船就坐8人。这个班有多少名同学去划船？

长方体和正方体(一) 基础卷

1 一个正方体切去一个长方体后，剩下图形的体积和表面积各是多少？(单位：cm)

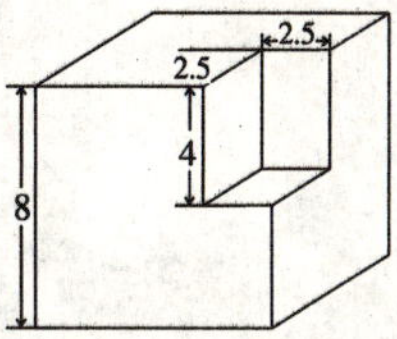

2 一个长方体，如果长减少 2 cm，宽、高不变，则体积减少 48 cm^3；如果宽增加 3 cm，长、高不变，则体积增加 99 cm^3；如果高增加 4 cm，长、宽不变，则体积增加 352 cm^3；求原长方体的表面积。

3 一个零件的形状如图所示，求它的表面积和体积。(单位：cm)

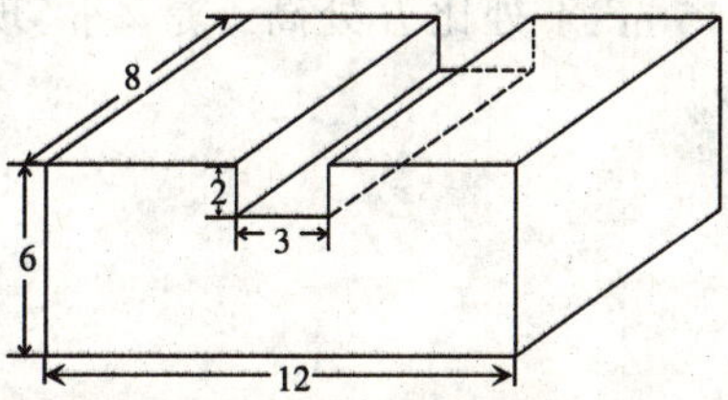

4 有一个正方体，如果高增加 4 cm，就成为一个长方体，这个长方体的表面积正好比原正方体的表面积增加 80 cm^2，求原正方体的体积。

5 一个长方体的棱长总和是 48 cm，已知长是宽的 1.5 倍，宽是高的 2 倍，求它的体积。

6 一个正方体木块的表面积是 96 cm^2，把它锯成体积相等的 8 个正方体小木块，每个小木块的表面积是多少？

提高卷

1 下图是由棱长 1 cm 的正方体木块堆成的形状，求它的体积和表面积。

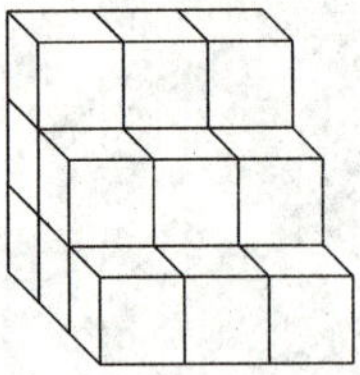

2 有一个长方体，它的前面和上面的面积之和是 156 cm^2，并且长、宽、高都是质数，求长方体的体积。

3 一堆黄土如图所示，已知 A 的面积是 25 m^2，B 的面积是 15 m^2，A 处比 B 处高 h 是 4 m，现把 A 处的土推向 B 处，使 A、B 两处同样高。A 处下降了多少？

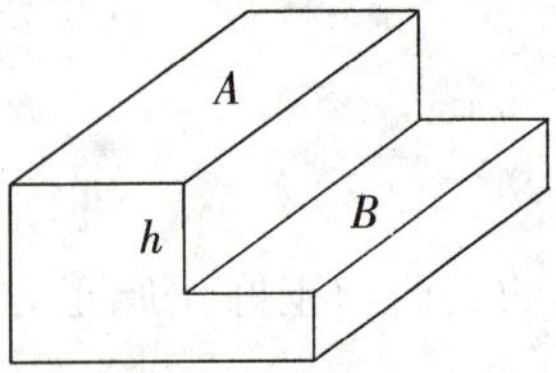

4 把一个长 9 cm、宽 7 cm、高 3 cm 的长方体铁块和一个棱长 5 cm 的正方体铁块熔铸成一个底面积是 20 cm^2 的长方体，求它的高。

5 一只蚂蚁从下图长方体的 A 点出发，沿长方体的表面爬行，依次经过前、上、后、底面，最后到 P 点，设计一条最短的爬行路线。

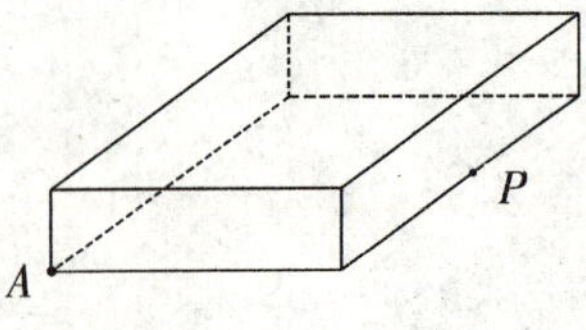

6 一块长方形铁皮，四个角剪去边长为 2.8 dm 的正方形，焊成一个长方体铁皮盒，可以盛水 546 升，已知这块长方形铁皮的长是 21.2 dm，求原长方形铁皮的面积。

长方体和正方体(二) 基础卷

1. 把 8 块棱长是 3 cm 的正方体铁块熔铸成一个大正方体,这个大正方体的表面积是多少?

2. 在一个棱长 12 cm 的正方体容器里注满水,投入一块长 8 cm、横截面积是 27 cm^2 的长方体铁块,溢出的水装入一个底面积是 12 cm^2 的长方体容器中,水高多少厘米?

3. 把一块长 8 dm、宽 2 dm、高 4 dm 的长方体铁块锻造成一块正方体,求正方体的棱长。

4. 一块棱长是 6 cm 的正方体铁块浸没在长方体容器的水中,取出后,水面下降了 0.9 cm,求这个长方体容器的底面积。

5. 把一块石头投入一个长 6 dm、宽 4 dm、高 5 dm 的长方体容器的水中,水面上升了 1.5 dm,求石头的体积。

6. 将表面积为 24 cm^2、54 cm^2 和 294 cm^2 的三块正方体铁块熔铸成一块大长方体,已知长方体的横截面积是 63 cm^2,求它的长。

提高卷

1. 一个长方体容器，底面是一个边长为 60 cm 的正方形，容器里直立着一个高 1 m、底面边长都是 15 cm 的长方体铁块，这时容器里的水深为 0.6 m，现把铁块轻轻向上提起 16 cm，那么露出水面的铁块上被水浸湿的部分长多少厘米(得数保留两位小数)？

2. 有大、中、小三个正方形水池，它们的底面边长分别是 5 m、3 m 和 2 m，把两堆碎石分别沉入中、小水池的水里，两个水池的水面分别上升了 8 cm 和 4 cm，如果将这两堆碎石都沉入大水池的水里，大水池的水面将要升高多少厘米？

3. 有两个长方体水缸，甲水缸长 4 dm，宽 3 dm，高 5 dm；乙水缸长 6 dm，宽 5 dm，高 7 dm；两个水缸内的水高分别是 2.5 dm 和 6 dm，乙倒一些水给甲，使两个水缸内的水一样高，求最后的水高。

4. 下图是一个各面上依次标有 1，2，3，4，5，6 六个数字的正方体的三种不同的摆法。问：三种摆法左面上的数字之和是多少？

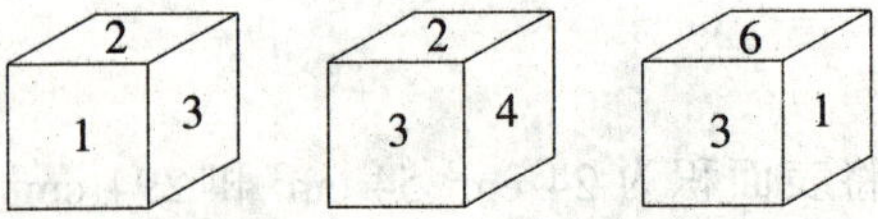

5. 一个棱长都是整数的长方体的表面积是 110 cm^2，已知它的六个面中有两个面是面积大于 1 cm^2 的正方形，它的体积是多少立方厘米？

6. 用棱长为 1 dm 的小正方体拼成下图的形状，求它的表面积。

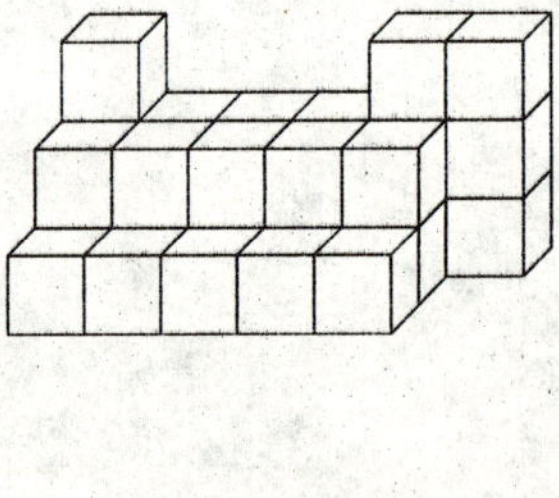

长方体和正方体(三) 基础卷

1 下图是把 19 个棱长为 1 cm 的正方体堆放起来,其中有一些正方体看不见,那么这个立体图形的表面积是多少?

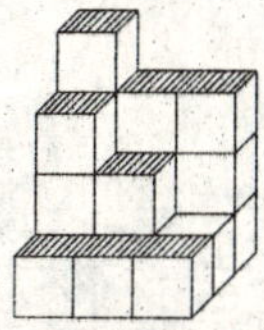

2 一个长方体和一个正方体的棱长之和相等,已知长方体的长是 6 dm,宽是 4 dm,高是 2 dm。求正方体的表面积和体积。

3 有一个棱长 1 m 的正方体,沿长、宽、高分别切 3 刀、4 刀、5 刀后成为 120 个小长方体,这 120 个小长方体的表面积总和是多少?

4 把一根长 64 dm 的粗铁丝截成几段,焊成一个长方体框架,再用铁皮包上各个面,要使做成的带盖的长方体铁皮箱尽量能装棱长为 1 dm 的正方体木块,做这个长方体铁皮箱需要多大面积的铁皮?

5 一个正方体木块,表面积是 96 cm^2,把它锯成体积相等的 8 个正方体小木块,求每个小木块的表面积。

6 把若干体积相等的小正方体拼成一个大正方体,然后在大正方体的表面涂上红色,已知一面涂色的小正方体有 96 个,那么,两面涂色的小正方体有多少个?

提高卷

1 如图所示，各个面上均涂有蓝色，按图上的方法切割成小正方体，切下的小正方体中，两面、三面均涂色的有多少块？

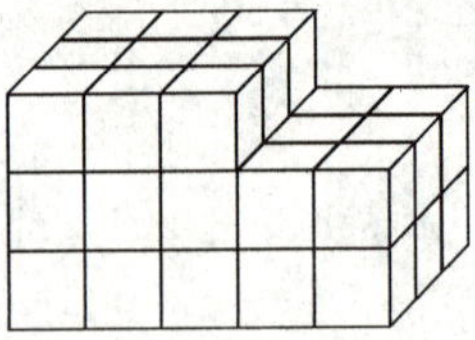

2 有三个长、宽、高分别为 7 cm、9 cm、11 cm；5 cm、7 cm、9 cm；3 cm、5 cm、7 cm 的长方体，分别将其表面涂上红色，然后将它们分割成棱长为 1 cm 的小正方体，其中至少有一面是红色的小正方体有多少个？

3 将一个长 9 cm、宽 8 cm、高 3 cm 的长方体木块锯成若干个小正方体，然后再拼成一个大正方体，求大正方体的表面积。

4 如图所示，一个正方体是由 125 块体积相等的黑、白小正方体相间拼成的，那么露在表面上的黑色正方体的个数是多少？

5 三个完全一样的长方体，棱长总和为 288 cm，每个长方体相交于一个顶点的三条棱长恰好是三个连续的自然数，给这三个长方体涂色：一个涂最大一面，一个涂中、小两面，一个涂大、中、小三面，涂色后把三个长方体都切成棱长为 1 cm 的小正方体，只有一个面涂色的小正方体有几个？

6 一个正方体木块，棱长 1 m，沿水平方向将它锯成 3 份，每份又锯成 4 长条，每长条又锯成 5 小块，共得大大小小的长方体 60 块，这 60 块长方体的表面积的总和是多少？

倍数问题(一) 基础卷

1 甲、乙、丙三数之和是200,已知甲是乙的3倍,丙又是甲的2倍,求甲、乙、丙三数。

2 有两筐苹果共80千克,第一筐的3倍比第二筐的2倍少10千克,求两筐苹果各多少千克?

3 大小两数之和为20,大数的3倍与小数的5倍和为74,求这两个数。

4 两个整数相除,商17,余数是8,已知被除数、除数、商、余数的和是501,求被除数和除数。

5 有两堆煤,如果从第一堆运9吨给第二堆,两堆煤一样重;如果从第二堆运12吨给第一堆,则第一堆煤等于第二堆煤的2倍,两堆煤原来各有多少吨?

6 小华有连环画的本数是小明的6倍,如果两人各再买2本,那么小华所有的本数是小明的4倍,两人原来各有连环画多少本?

提高卷

1. 已知被减数、减数与差之和为592,其中减数比差的2倍还多2,求减数。

2. 有两堆煤,甲堆94吨,乙堆138吨,每天各运走9吨,几天后,乙堆剩下的煤是甲堆剩下煤的3倍?

3. 有两根绳子,长的是短的2倍,如果长的每次剪去4 dm,短的每次剪去3 dm,结果短的正好剪完,长的还剩下16 dm,两根绳子原来各是多长?

4. 丁丁做一道加法试题,计算时发现,由于把一个加数的个位的零漏掉,结果比正确答案少702,这个加数是多少?

5. 有大、小两桶酒,大桶有酒120千克,小桶有酒90千克,两桶卖出同样多的酒后,大桶剩下的酒正好是小桶剩下的酒的4倍,两桶各剩下多少千克酒?各卖出多少千克酒?

6. 甲的存款是乙的5倍,如果甲取出60元给乙存入,那么乙的存款就是甲的2倍,求甲、乙原有存款各多少元?

倍数问题(二) 基础卷

1 今年,妈妈的年龄是小玲的8倍,再过3年,妈妈的年龄就是小玲年龄的5倍,妈妈今年多少岁?

2 甲、乙、丙三人去种树,甲比乙多种6棵,丙种的棵数是甲的2倍,比乙多种22棵,他们一共种了多少棵?

3 甲、乙、丙三人共有钱306元,甲的钱比乙的2倍多8元,乙的钱比丙的3倍多6元,甲、乙、丙三人各有钱多少元?

4 有两条绳子,长的是短的3倍,如果从这两条绳子上各剪去20 m,那么长的就是短的4倍,每条绳子长多少米?

5 甲的存款是乙的5倍,如果甲存入60元,乙存入100元,那么,甲的存款是乙的3倍,甲、乙原有存款各多少元?

6 学校购买篮球、排球、足球共95个,又知排球个数是篮球个数的2倍,足球个数比排球个数少5个。求篮球、排球、足球各多少个?

提高卷

1 甲厂人数比乙厂少 540 人，若从两厂各调走 600 人，乙厂人数恰好是甲厂人数的 4 倍。求甲厂原有多少人？

2 有甲、乙、丙三个数，甲数比乙数的 2 倍多 100，乙数比丙数的 2 倍多 50，已知三数之和是 1650，求这三个数。

3 有大小两个水池，大水池里有水 600 m^3，小水池里有水 140 m^3，现在往两个水池里注入同样多的水后，大水池的水量是小水池水量的 3 倍，问：每个水池注入了多少立方米的水？

4 一个两位小数，去掉小数点后比原数大 482.13，原来这个小数是多少？

5 某厂有男工 630 人，选出男工的三分之一和女工的四分之三排练节目，剩下男工人数是剩下女工人数的 2 倍，这个工厂共有工人多少人？

6 今年兄弟俩的岁数一共是 55 岁，曾有一年，哥哥的岁数与今年弟弟的年龄相同，那时哥哥的岁数恰好是弟弟岁数的 2 倍，哥哥今年多少岁？

组合图形的面积(一)

基础卷

1 如图所示，两个完全一样的直角三角形重叠在一起，求阴影部分的面积。(单位:cm)

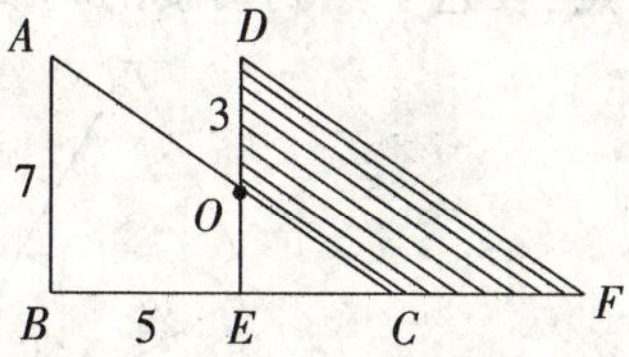

2 把边长是 10 cm 的正方形卡片按下图的方法重叠起来(上下两个正方形的一个顶点位于中间正方形的中心点，且正方形相交的边都互相垂直)，3 张这样的卡片重叠以后组成的图形的面积是多少？

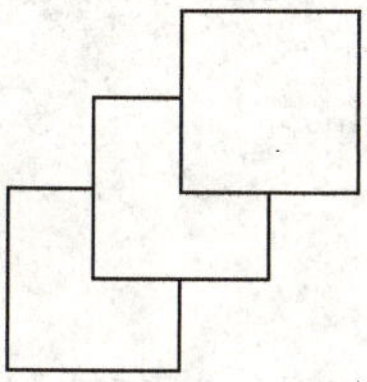

3 有一块长方形草地，长 16 m，宽 12 m，中间有一条宽 2 m 的小路，求草地(阴影部分)的面积。

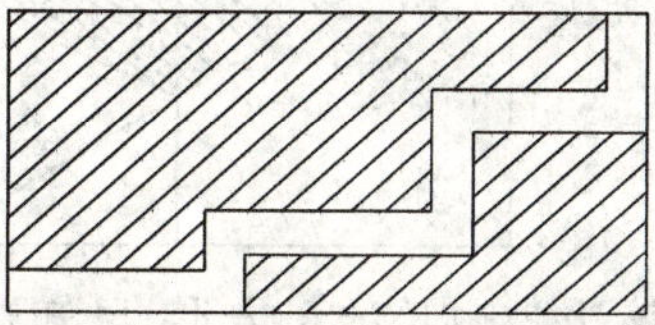

4 如图所示，三角形 ABC 被分成四个小三角形，其中三个三角形的面积分别为 8 cm^2、6 cm^2、12 cm^2，求阴影部分的面积。

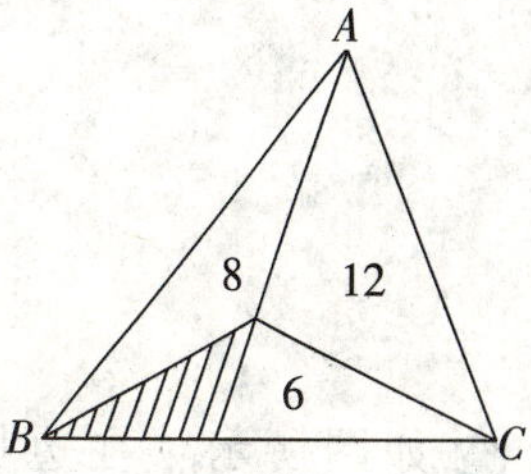

5 已知正方形 $EFGH$ 的边长是 4 cm，求正方形 $ABCD$ 的面积。

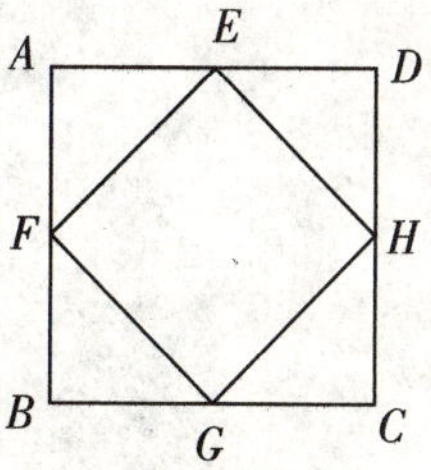

6 如图所示，长方形的长是 8 cm，宽是 6 cm，A、B 是宽的中点，求长方形内阴影部分的面积。

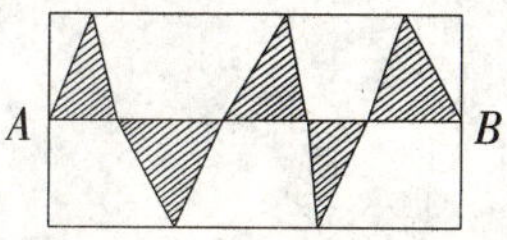

提高卷

1 在腰长为 10 cm，面积为 34 cm^2 的等腰三角形的底边上任取一点，设这个点到两腰的垂线段分别长 a cm、b cm，那么 $a+b$ 的长度是多少厘米？

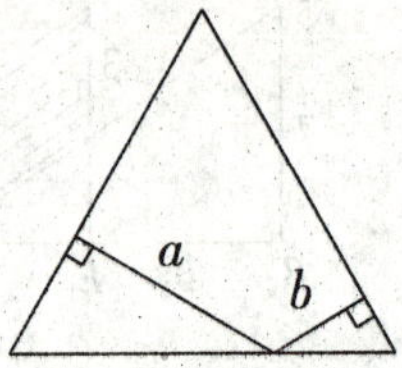

2 如图所示，$ABCD$ 是正方形，三角形 DEF 的面积比三角形 ABF 的面积大 6 cm^2，CD 长 4 cm，求 DE 的长度。

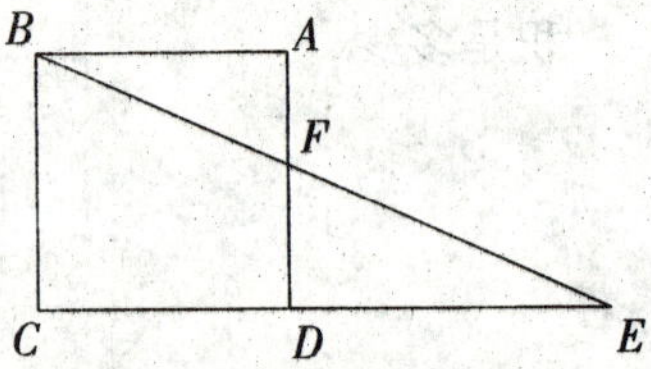

3 如图所示，大正方形和小正方形的边长分别是 4 cm、3 cm，求阴影部分的面积。

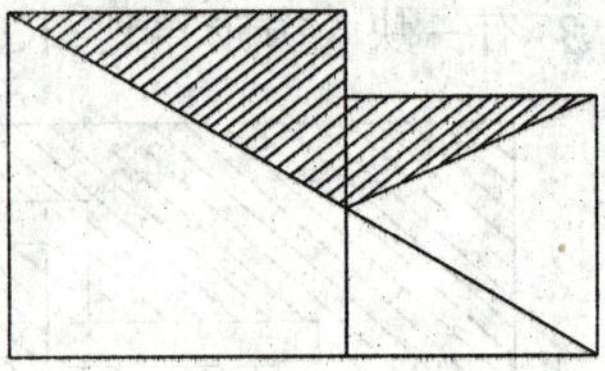

4 长方形 $ABCD$ 的周长是 16 cm，在它的每条边上各画一个以该边为边长的正方形，已知这四个正方形的面积和是 68 cm^2，求长方形 $ABCD$ 的面积。

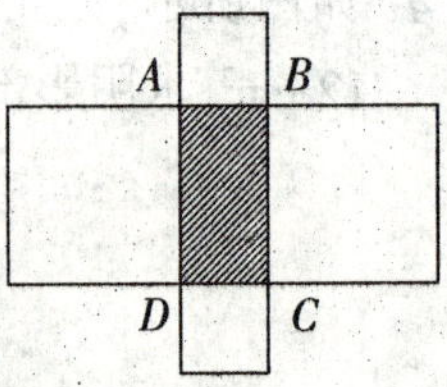

5 如图所示，在边长为 12 cm 的正方形 $ABCD$ 中，E、F 是 BC 边上的三等分点，M、N 是对角线 BD 上的三等分点，求三角形 EMN 的面积。

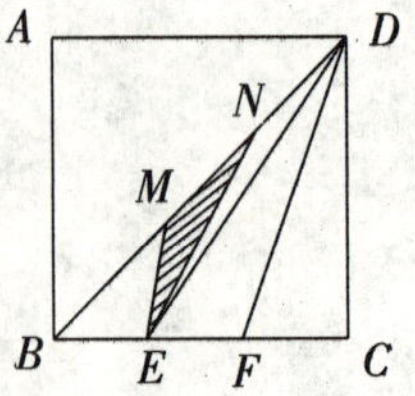

6 梯形 $ABCF$ 的下底 BC 是 12 cm，高 AB 是 18 cm，CE=2DE，求 DF。

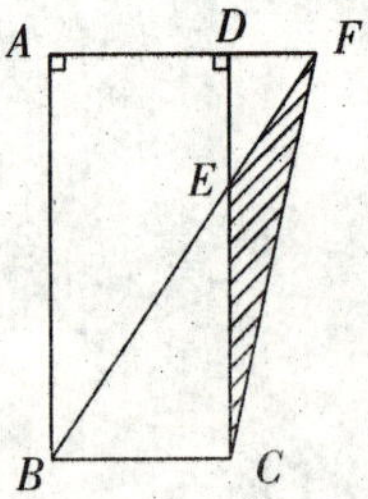

组合图形的面积(二) 基础卷

1 如图所示,已知 $BD=2$ cm,$CD=3$ cm,E 是 AD 的中点。如果三角形 ABD 的面积是 9 cm^2,那么三角形 DEC 的面积是多少平方厘米?

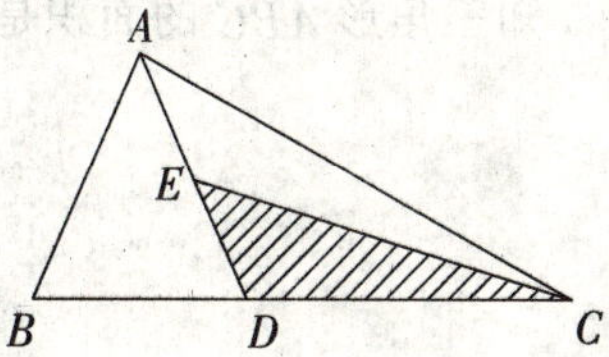

2 如右图所示,已知梯形的高是 10 cm,$\angle 1=\angle 2=\angle 3=45°$,求梯形的面积。

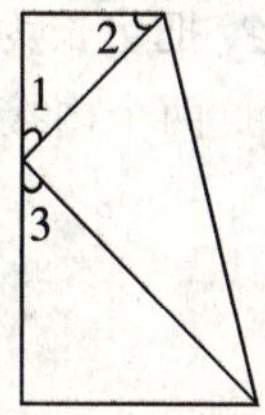

3 如右图所示,已知三角形 ABC 的面积是 64 cm^2,是平行四边形 $DEFC$ 面积的 2 倍,求阴影部分的面积。

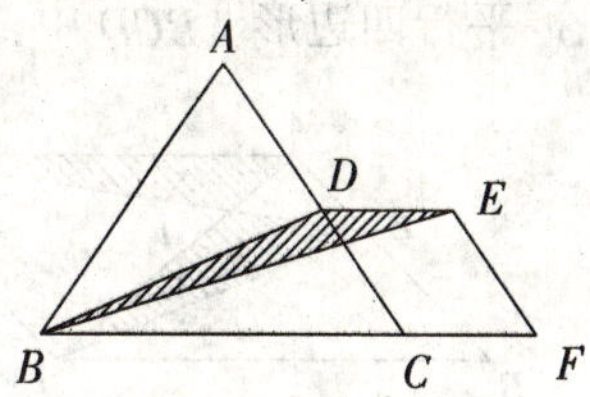

4 如右图所示,每个小正方形的面积都是 1 cm^2,求阴影部分的面积。

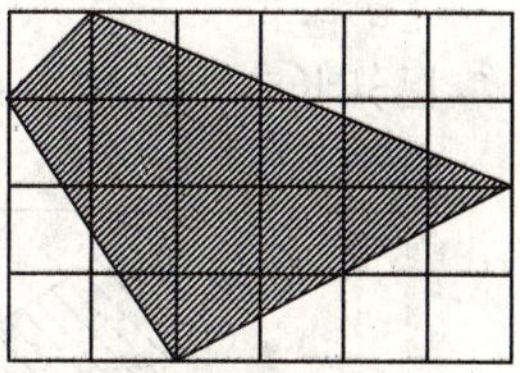

5 如图所示,长方形 $ABCD$ 中,$AB=8$ cm,$BC=15$ cm,E 是 BC 的中点,F 是 CD 的中点,连接 BD、AF、AE,把下图分成六块。阴影部分的总面积是多少?

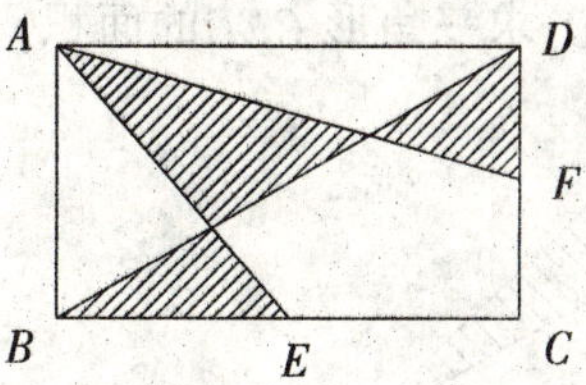

6 2 个正方形的边长都是 10 cm,$HD=6$ cm(如图所示),求四边形 $BJGI$ 的面积。

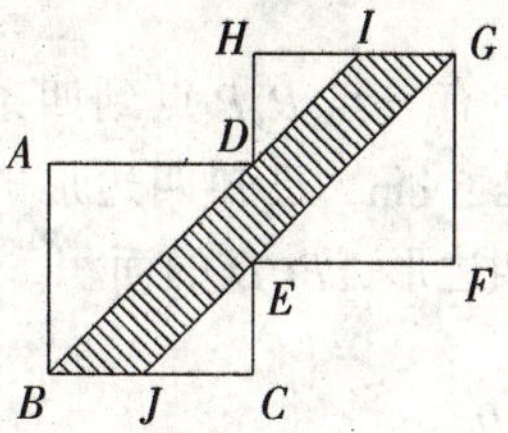

提高卷

1 在正三角形中任意取一点 P,连接 PA、PB、PC,过 P 点作三条边的垂线,E、F、G 分别为垂足,已知三角形 ABC 的面积是 24 cm²,求阴影部分的面积。

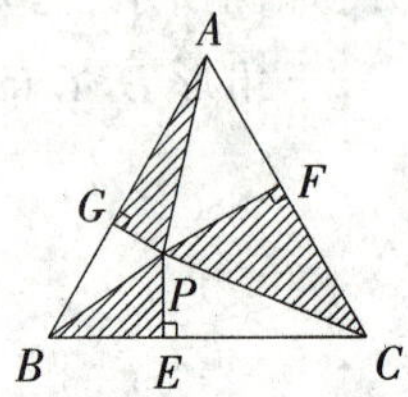

2 把边长为 6 cm 的正方形 $ABCD$ 沿对角线 AC 截成两个三角形,在两个三角形内按下图剪下两个内接正方形Ⅰ、Ⅱ,这两个正方形的面积哪个大?大多少?

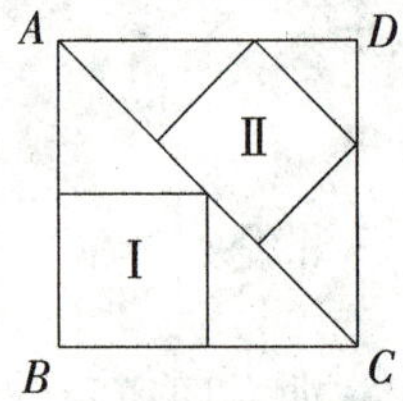

3 平行四边形 $ABCD$ 中,三角形 AFD 与三角形 EFC 的面积谁大?为什么?

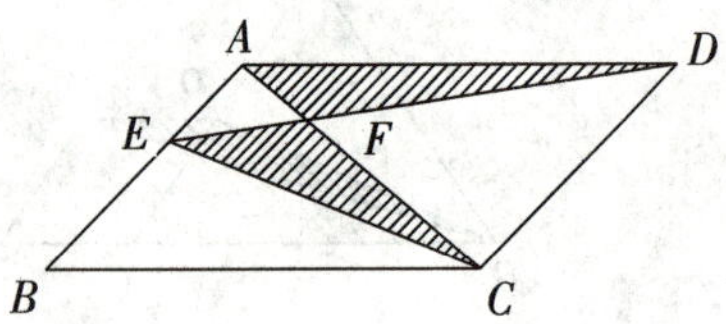

4 已知长方形 $ABCD$ 的面积是 120 cm²,E、F 是长、宽的中点,求阴影部分的面积。

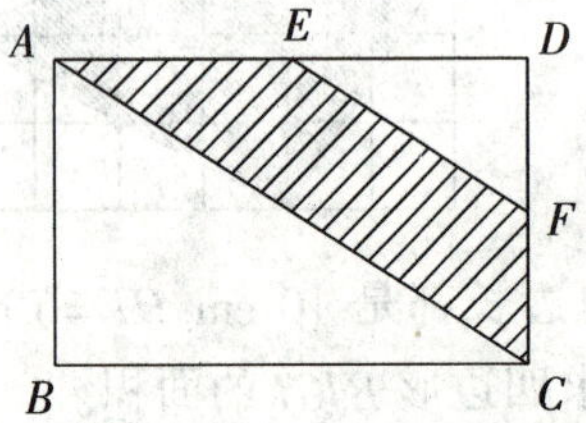

5 四边形 $ABCD$ 中有一点 P,P 点到四条边的垂线段长都是 5 cm,已知四边形的周长是 40 cm,求四边形 $ABCD$ 的面积。

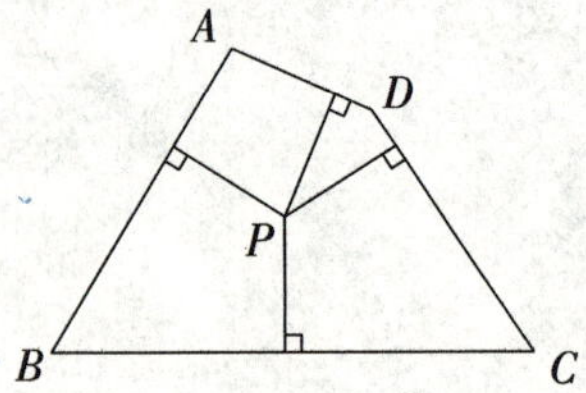

6 在直角梯形 $ABCD$ 中,AB=8 cm,BF=6 cm,EF//AB,求三角形 CED的面积。

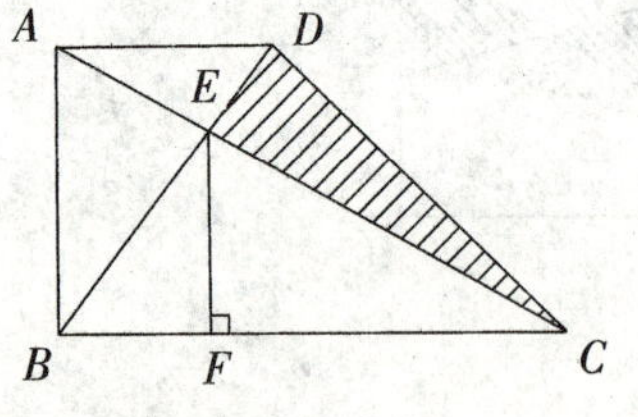

数字趣味题 基础卷

1 一个三位数的各位数字之和是17,其中十位数字比个位数字大1,如果把这个三位数的百位数字与个位数字对调,得到一个新的三位数,则新的三位数比原三位数大198。求原数。

2 把数字4写在一个三位数的左边,再把得到的四位数加上600,所得的和正好是原数的24倍,求原数。

3 两个数的和是161.7,把较大数的小数点向左移动一位后就和较小数相等。求这两个数。

4 一个三位数,个位数字与百位数字的和与积都是4,三个数字相乘的积还是4,求这个三位数。

5 "南通好家园"五个汉字表示五个不同的数(即0,2,4,6,8),请译出"南+通×好-家÷园=20"的算式谜。

6 一个两位数,在它的前面写上3,所成的三位数比原两位数的7倍多24,求原来的两位数。

提高卷

1 n 是一个九位数，它的前四位数与后五位数之和是51167，前五位数与后四位数之和是45416。求 n。

2 一个两位数，如果把 1 加在它的前面可得到一个三位数，加在它的后面也可以得到一个三位数，这两个三位数相差 468，求原来的两位数。

3 一个三位数，个位数字是 3，如果个位数字移作百位数字，百位数字移作十位数字，十位数字移作个位数字，那么所得的新数比原数少 171，求原数。

4 有一个四位数，个位数字与百位数字的和是 12，十位数字与千位数字的和是 9，如果个位数字与百位数字互换，千位数字与十位数字互换，新数就比原数增加 2376，求原数。

5 一个六位数的末位数字是 2，如果把 2 移到首位，原数就是新数的 3 倍，求原数。

6 把一个两位数的个位数字与十位数字交换后得到一个新数，它与原数相加，恰好是某数的平方，这两个数的和是多少？

期末测试(一)

1 用绳子捆绑一个长 15 dm、宽 8 dm、高 5 dm 的长方体纸盒(如图所示),不计接头,至少需要多长的绳子?

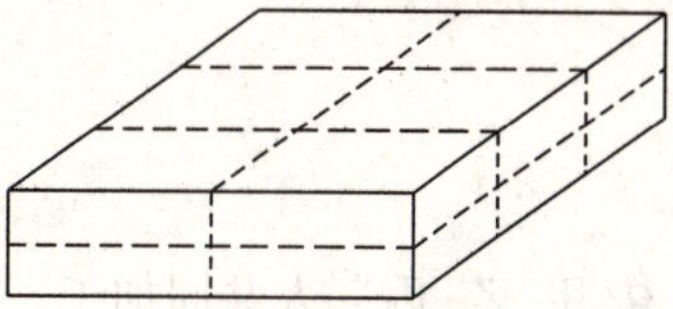

2 1×2×3×…×99×100,这 100 个数乘积的末尾有几个连续的零?

3 有两个相同的正方体木块,把它们拼成一个长方体。长方体的棱长总和是 48 dm。这个长方体的表面积是多少?

4 从 1 到 400 的自然数中,数字“2”出现了多少次?

5 将一袋糖分给小朋友,如果分给大班的小朋友每人 5 块,则缺 6 块;如果分给小班的小朋友每人 4 块,则余 4 块。已知大班比小班少 2 个小朋友。这袋糖一共有多少块?

6 下面的长方形、平行四边形和正方形的面积相等,阴影部分的面积分别为 A、B、C,谁的面积最大?

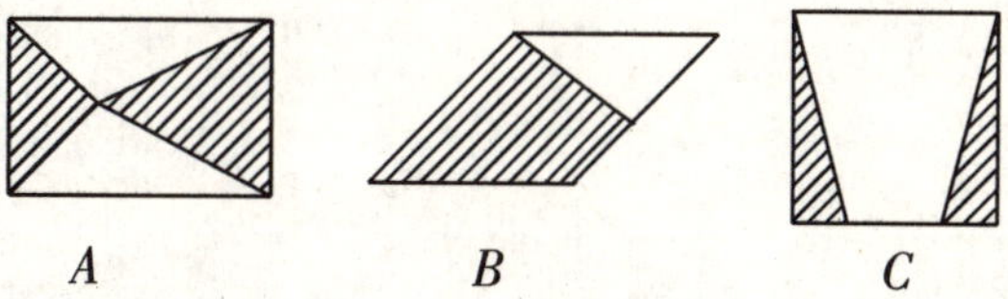

7 已知 A、B、C 都是非零自然数，$A\div2+B\div4+C\div16$ 的近似值是 6.4，那么它的准确值是多少？

8 三个工程队合修一条长 16.3 km 的公路，完工时甲队比乙队多修 2.2 km，丙队比乙队少修 2.1 km，三个队各修路多少千米？

9 甲、乙、丙三人共同加工一批零件，结算时，甲、乙都比丙少生产了 48 个，这样甲和乙就都少拿 48 元，问：生产一个零件多少钱？

10 甲、乙两人同时从 A 地去 B 地，甲经过 10 小时到达 B 地，比乙多用了 4 小时，已知两人的速度差是每小时 5 km，求甲、乙两人每小时各行多少千米？

11 青椒的单价比白菜单价的 2 倍还多 0.4 元，已知 2 千克青椒与 5 千克白菜的价钱相等，每千克青椒、白菜各多少元？

12 甲、乙两人到银行换零钱，甲都换成 10 元的纸币，乙都换成 5 元的纸币，换好后，甲比乙少 34 张，甲给乙 4 张 10 元的纸币，这时甲、乙两人的钱数相等，甲、乙两人共有多少元？

13 王阿姨购买了一套住宅，采取分期付款方式。一种付款方式是开始第一年先付 7 万元，以后每年付款 1 万元；另一种付款方式是前一半时间每年付款 2 万元，后一半时间每年付款 1.5 万元。两种付款钱数和付款时间都相同。假如一次性付款可少付房款 1.6 万元。现在王阿姨准备一次性付出购房款，问：要付多少万元购房款？

假设法解题 基础卷

1. 小明有2元和5元的邮票共100枚,总价钱为320元,这两种邮票各有多少枚?

2. 松鼠妈妈采松子,晴天每天可以采20个,雨天每天只能采12个。它一连几天采了112个松子,平均每天采14个。问:这几天当中有几天有雨?

3. 徒工小王雕刻红木玩具,平均每天雕刻玩具48件。每雕刻出一件正品,可创造财富12元;但如果雕刻坏了一件就要损失98元。他平均每天创造财富466元。小王平均每天雕刻出的正品是多少件?

4. 数学竞赛中抢答题共10道题,规定答对一题得15分,答错一题倒扣10分(不答按答错计算)。晓敏回答了所有的问题,结果共得100分,问:答对和答错各几题?

5. 学校组织春游,一共用了10辆客车,已知大客车每辆坐100人,小客车每辆坐60人,大客车比小客车一共多载520人,问:大、小客车各几辆?

6. 人民电影院有座位1200个,前排票每张1.5元,后排票每张2.5元。已知后排票比前排票的总价多1080元,该电影院有前排座位和后排座位各多少个?

提高卷

1 有1元硬币和5角硬币若干枚，共值675角。若将1元硬币和5角硬币枚数对换，则共有600角。原来5角硬币有多少枚？

2 A、B两地相距8 km，小钱骑自行车从A地去B地，开始以每分钟120 m的速度行驶，后来改为每分钟160 m的速度行驶，共用了1小时到达B地。小钱是在离A地多少米的地方改变速度的？

3 小明家离学校7 km，小明从家步行去学校，开始一段路是上坡路，只能以每分钟50 m的速度前进，后来的路是下坡路，速度改为每分钟75 m，共用100分钟到达学校。小明是在离学校多少米的地方改变速度的？

4 要把40个玻璃球放入一个红盒子和一个黑盒子中，每次往红盒子里必须放2个，每次往黑盒子里必须放1个。一共放了26次，正好将40个玻璃球放完。此时红盒子、黑盒子中各有多少个玻璃球？

5 一群公猴、母猴和小猴共42只，每天共摘桃315个。已知一只公猴每天摘桃10个，一只母猴每天摘桃8个，一只小猴每天摘桃5个。又知母猴的只数与小猴同样多。那么这群猴子中，公猴有多少只？

6 有面值分别为拾元、伍元、贰元的车票34张，共值178元。拾元的张数和伍元的张数同样多。拾元、伍元和贰元的车票各有多少张？

作图法解题 基础卷

1. 甲、乙两仓库的存粮一样多。从甲库运出18吨，乙库运出26吨后，甲库剩下的粮正好是乙库的3倍。甲、乙两仓库共存粮多少吨？

2. 某校男生人数是女生的3倍。如果男生再招30人，女生再招70人，男女生人数正好相等。该校原来有男生多少人？

3. 桌上放着桃子、梨、杏三种水果。桃子有12个，梨比桃子和杏的总和还多8个。梨比杏多多少个？

4. 仓库运来一批粮食。其中小麦35吨，稻谷比小麦和黄豆的总数还多12吨。问：运来的黄豆比稻谷少多少吨？

5. 在期末考试中，亮亮语文得了92分，数学比语文和体育的总分少83分。亮亮的数学比体育高多少分？

6. 赵、钱、孙、李四人共植树370棵，如果赵植的棵数加上10，钱植的棵数减去20，孙植的棵数乘以2，李植的棵数除以2，四人植的棵数相等。求钱实际植了多少棵树？

提高卷

1. 甲库的存粮是乙库的 4 倍，如果从乙库取出 6 吨，放入甲库，则甲库的粮食正好是乙库的 6 倍。原来两库各存多少吨粮食？

2. 车间分 A、B 两组。A 组比 B 组的 3 倍多 4 人，如果从 B 组抽 8 人去 A 组，则 A 组人数是 B 组的 5 倍。原来两组各有多少人？

3. 五年级(2)班上学期体育达标人数比未达标人数的 3 倍还多 4 人，今年又有 5 人达标。这样达标人数正好是未达标人数的 6 倍。这个班共有多少同学？

4. 用一根绳子测井深，把绳子对折来量井外余 20 dm，把绳子三折来量井外余 3 dm。求井深和绳长？

5. 有一根绳子和一根水泥柱子，把绳子对折后比水泥柱子长 2 m，把绳子四折后比水泥柱子短 3 m。求绳子和水泥柱子各多少米？

6. 用一个量杯向一个空油瓶里倒油，如果倒进 5 杯油，连瓶共重 480 克，如果倒进 8 杯油，连瓶共重 630 克，问：一量杯油重多少克？油瓶重多少克？

分解质因数(一) 基础卷

1 有 24 个梨平均分给小朋友,每份大于 1 个,小于 24 个,一共有多少种不同的分配方法?

2 150 个同学排成长队做操,行数和列数都不能为 1,共有多少种排法?

3 甲比乙多 2 个苹果,两人苹果数的积是 24,问:甲、乙各有几个苹果?

4 公园内有三只小熊猫,恰好一只比一只大 1 岁,它们的年龄之积是 60,问:最小的熊猫几岁?

5 三个连续偶数的积是 192,这三个连续偶数的和是多少?

6 有一个长方体,它的长、宽、高是三个连续的自然数,且体积是 210 m^3,求长方体的表面积。

提高卷

1 要使(　)×15×19×125×30 的积的末尾有四个 0，括号内最小应是什么数？

2 把 39，45，49，56，60，70，78，84，91 九个数分成三组，使每组中三个数的乘积相等。

3 把 40，44，45，63，65，78，99，105 这八个数平均分成两组，使每组四个数的乘积相等。

4 小明参加区小学五年级数学竞赛，获得的名次、分数和他的年龄的乘积是 3492，你猜小明的名次和成绩各是多少？

5 陈老师有一张电影票，电影票的排数和行数的最小公倍数是 84，最大公约数是 3，那么陈老师在第几排、第几座（排数小于座数）？

6 把 1，2，3，4，5，6，7，8，9 填入(　)内，每个数字用一次，使下面的等式成立。

(　)(　)(　)×(　)(　)=(　)(　)×(　)(　)(　)
=5568

分解质因数(二) 基础卷

1 如果 $A+B=14$，$A\times B=48$，那么 A 与 B 的差是多少？

2 把 247/323 和 46/69 约分。

3 老师用100元去买一种钢笔若干支，如果每支便宜1元，那就多买5支。问：钢笔的原价是多少？

4 求 1150 的约数中，除了它本身以外最大的约数是几？

5 一盒棋子共有 48 粒，如果不一次全拿出，也不一粒一粒拿出，但每次拿出的粒数要相同，最后一次正好拿完，共有几种拿法？

6 有三个自然数 a、b、c，已知 $a\times b=35$，$b\times c=55$，$c\times a=77$，求 a、b、c 三个数的乘积。

提高卷

1 张爷爷今年84岁，他告诉人家："我有3个孙子，他们年龄的乘积和我的年龄一样大，而且两个孙子的年龄和正好是另外一个孙子的年龄。"问：张爷爷的三个孙子各是多大？

2 把一批图书分给三个班，每个班所得的本数一班比一班多3本，且各班所得图书的乘积为910。问：三个班各得多少本？

3 在100到200之间找出两个整数，使它的乘积等于30030。

4 十几辆卡车运输315桶汽油，每辆卡车运的桶数一样多，且一次运完，问：有多少辆卡车？

5 某超市出售5元的笔记本，降价处理后，一下子卖完库存，共得319.3元，问：库存多少本笔记本，每本降价多少？

6 用车运6727袋米，每车装米若干袋、用车若干辆、运送若干次都已记不清，只知每车装米袋数与车数相等，求车数与运米次数。

最大公约数 基础卷

1 有三根钢管，分别长 200 cm、240 cm、360 cm，现在要把这三根钢管截成尽可能长而且又相等的小段，一共能截成多少段？

2 某苗圃的工人加工一种精巧的盆景，第一批加工 1788 个，第二批加工 1680 个，第三批加工 2098 个，各批平均分给工人加工，分别剩下 7 个、3 个、5 个，问：最多有多少工人参加加工？

3 一间长 5.6 m、宽 3.2 m 的屋子，它的水泥地在施工中要划成正方形的格子，这种方格面积最大是多少平方米？

4 用辗转相除法求 6731 和 2809 的最大公约数。

5 有一个数分别去除 492，2241，3195 余数都是 15，求这个数最大是多少？

6 两个数之和为 104055，最大公约数为 6937，这样的两个数共有几组？

提高卷

1 用尽可能大的整数作除数去除 265,365,607 三数,余数分别为 1,5,7,问:这个除数是几?

2 有长方形土地一块,长 532 m,宽 308 m,现在四角和四周植树,两棵树之间的距离相等且要求最大,求一共能植树多少棵?两棵树之间的距离是多少?

3 学校里每间宿舍的铺位完全相等,上学期住宿的同学共有 208 人,在两间宿舍里各有四个空铺位,本学期住宿的同学共有 350 人,还有一间宿舍有两个铺位空着。问:每间宿舍最多有多少个铺位?

4 有一个三角形花圃,三边的长度分别是 56 m、36 m、24 m。现在这三条边上等距离栽菊花,并且每两株菊花之间的距离尽量大。问:一共栽多少株菊花?

5 一条道路由甲村经乙村到丙村。甲、乙两村相距 450 m,乙、丙两村相距 630 m。现在准备在路边栽树,要求相邻两棵树之间的距离相等,并且在甲、乙两村的中点和乙、丙两村的中点都要栽上树。那么相邻两棵树之间的距离最多是多少米?

6 有 12 dm的铁丝 12 根,18 dm的铁丝 9 根,24 dm的铁丝 10 根。现在要把它们截成一样长的铁丝,不能浪费,截下的铁丝要最长,求铁丝长多少米?可以截多少根?

最小公倍数(一) 基础卷

1 两数的最大公约数是 13,最小公倍数是 78,求这两个数。

2 两个自然数的差是 14,它们的最大公约数是 14,最小公倍数是 84。这两个数各是多少？

3 甲数是 36,甲、乙两数的最小公倍数是 288,最大公约数是 4,乙数是几？

4 有一个数乘以 222,其积为 1295 的倍数,这个数最小是多少？

5 已知两个数的和是 125,它们的最大公约数是 25,求这两个数。

提高卷

1 有周长为 7920 m 的跑马场，红马每分钟跑 396 m，白马每分钟跑 528 m，黑马每分钟跑 660 m，现三马同时由一点沿马场周围跑，问：几分钟后它们能在出发点第一次相遇？

2 设计一种底面为正方形的仓储箱装运四种不同规格的药盒，每种药盒是正方体，其边长分别是 21 cm、12 cm、14 cm 和 10.5 cm，要使仓储箱不论装哪一种药盒都能铺满底盒。问：仓储箱的底面边长至少要多少厘米？

3 长方形砖长 42 cm，宽 26 cm，用这种砖铺成一个正方形地面，至少需要多少块砖？

4 排电线杆每两根的距离为 45 m，现在要改为 60 m，如果起点的一根不动，再过多远又有一根不需要移动？

5 加工某种零件需要三道工序，第一道工序的工人，每人每小时可完成 48 个，第二道工序的工人，每人每小时可以完成 32 个，第三道工序的工人，每人每小时可以完成 28 个，问：三道工序至少各要多少工人搭配才算最合适？

6 父子二人在雪地散步，父亲在前，每步 80 cm，儿子在后，每步 60 cm，其中有一些脚印与父亲重合。在 120 m 内一共留下多少个脚印？

最小公倍数(二) 基础卷

1 公路上一排电线杆共 25 根，每相邻两根间的距离原来都是 45 m，现在要改成 60 m，可以几根不要移动？

2 把一批奖金分给甲、乙两个生产组，平均每人得 6 元，如果只分给甲组，平均每人可得 10 元，如果只分给乙组，每人可得几元？

3 不满千人的士兵等分为四队，每队各排成 14 人一排或 12 人一排都余 8 人，后来改成 8 人一排则无余数。求一共有多少人。

4 在跑道两侧每隔 4 m 种一棵树，结果第一棵与最后一棵相距 48 m，现在将树移栽成每隔 6 m 种一棵，其中有几棵不需要移栽？

5 有一堆橘子，如果按10个、9个、8个或7个一堆分都多1个，这堆橘子至少有多少个？

6 以尽可能小的自然数作被除数，以 18，27，7 为除数，余数都是 5，问：被除数是几？

提高卷

1. 一对啮合齿轮，一个有132个齿，一个有48个齿，其中咬合的任意一对齿从第一次接触到再次相接触，两个齿轮各要转动多少圈？

2. 某地电费，不超过10度时，每度0.45元；超过10度，每度0.80元。张家比李家多交电费3.30元。如果两家的用电量都是整数度。那么张家、李家各交电费多少元？

3. 有五位数234( )6，用3或4除都无余数，求( )处所代表的数字。

4. 初一(2)班上体育课，排成3行多2人，排成4行少1人，排成5行多4人，排成6行少1人。初一(2)班的人数不超过100人，求该班的人数。

5. 学校在操场的四周种树，开始时每隔4 m种1棵，种到21棵后发现树苗不够了，于是决定重种，改为每隔5 m种1棵，这样重种时，不必拔掉的树有多少棵？

6. 两幢大楼各12层，新楼每层高280 cm，旧楼每层高320 cm，问：两楼各在第几层的天花板互相齐平？

行程问题(一) 基础卷

1 哥哥和弟弟分别从家和学校相向而行。哥哥每分钟行 80 m,弟弟每分钟行 60 m,两人在离中点 100 m 处相遇,问:从家到学校有多少米?

2 客货两辆汽车分别从甲、乙两地相对开出。客车每小时行 50 km,货车每小时行 65 km,当货车行到两地中点时,与客车还相距 75 km,求甲、乙两地的距离。

3 甲、乙两人同时从东街到西街去,甲每分钟行 120 m,乙每分钟行 100 m,结果甲比乙早 5 分钟到达西街。东街到西街的路程是多少米?

4 A、B 两车同时从甲、乙两地相向而行。A 车每小时行 55 km,经过 4 小时已驶过中点 20 km,还未遇见 B 车。这时 A、B 两车还相距 8 km。B 车每小时行驶多少千米?

5 汽车从甲地开往乙地。每小时行 40 km,3 小时后剩下的路程比全程的一半少 8 km。如改用每小时行 52 km 的速度行驶,再行几小时到达乙地?

6 五(1)班的 52 位同学去校外植树。如每人植 3 棵树,全班同学能植完这批树苗的一半还多 52 棵。五(1)同学要植这批树,平均每人应植多少棵?

提高卷

1. 父亲在儿子读书的学校教书，每天父子二人步行去学校，父亲每分钟比儿子多走 20 m，30 分钟后父亲到学校，到校后发现未带钥匙，立即原路返回。在离校 350 m 处碰上儿子。儿子每分钟行多少米？

2. 甲、乙两支队伍同时从相距 100 km 的两地相向而行，甲队每小时行 7 km，乙队每小时行 3 km。通信员骑马负责两队联络，每小时行 15 km。通信员和甲队一道出发，碰到乙队后就立即掉头朝甲队这边走来，碰到甲队时又向乙队那边走，直到两队相遇，通信员一共走了多少千米？

3. 东、西两镇相距 44 km，甲、乙两人同时从东、西两镇相向而行，2 小时后丙从东镇骑车出发去追甲，结果三人同时在某地相遇。已知甲每小时行 5 km，乙每小时行 6 km，求丙的骑车速度。

4. 两队同学分别从相距 60 km 的甲、乙两地相向出发。李明同学以每小时 12 km 的速度在两队同学之间不断往返送信。如果李明从同学们出发到相遇共行了 60 km，而甲队比乙队每小时多走 1 km，求两队同学行走的速度。

行程问题(二) 基础卷

1 轿车每小时行驶 84 km,中巴车每小时行驶 60 km,两车由同一地点出发。已知中巴车先开 30 分钟。这时轿车顺着中巴的方向开出,轿车经过多少时间能追上中巴车?

2 A、B 两人从 100 m 跑道的起点和终点同时出发沿着同一方向跑步,B 在前每分钟跑 100 m,A 在后每分钟跑 120 m。几分钟后 A 追上 B?

3 甲骑自行车从 A 村到 B 村,速度为每小时 15 km,1 小时后乙骑自行车也从 A 村到B 村,速度为每小时 18 km,结果两人同时到达 B 村。A、B 两村相距多少千米?

4 一辆汽车从南京开往上海要行驶 360 km,开始按计划以每小时 45 km 的速度行驶。途中因汽车故障修车 2 小时,如按时赶到上海,修好后的汽车每小时必须行驶 75 km。问:汽车在离南京多远处出了故障?

5 小明家离学校 3 km,他每天骑车以每分钟 200 m 的速度上学,正好准时到校。有一天他出发几分钟后因交通阻塞耽误 4 分钟,为了准时到校,后面的路必须每分钟多行 100 m。求小明是在离家多远处遇阻塞的?

6 汽车以每小时 45 km 的速度从甲地出发,4 小时后到达乙地。如果汽车出发 1 小时后返回甲地取东西,然后立即从甲地出发,为了能在原来的时间内到达乙地,汽车从甲地驶向乙地的速度是多少?

提高卷

1. 兄弟二人以每分钟 60 m 的速度同时、同地、同向步行出发，走了 10 分钟后哥哥返回原地取东西，而弟弟继续前进。哥哥取东西用去 5 分钟，然后骑自行车以每分钟 360 m 的速度追弟弟，问：几分钟后哥哥追上弟弟？

2. 甲、乙两车同时同地由东车站开往西车站，甲车每小时行驶 60 km，乙车每小时行驶 40 km，出发 0.5 小时后，甲车因故障停下修车用 1.5 小时，修好车后甲车继续按原速行驶，经过多长时间追上乙车？

3. 师、徒两人加工同样多的零件，师傅每小时加工 20 件，徒弟每小时加工 15 件。一天徒弟比师傅早工作 2 小时，到下午同时完成。求师、徒两人一天共加工多少零件？

4. 甲、乙两人在周长 720 m 的环形跑道上沿着相同的方向同时从同一地点出发，甲每分钟走 55 m，乙每分钟走 65 m。问：至少经过几分钟乙从甲的身后追上甲？

5. 在一个 400 m 的环形跑道上兄弟两人同时从同一地点、同方向出发，哥哥 10 分钟后从弟弟的身后追上弟弟，如果两人同时从同一地点反向而行，只要 4 分钟两人就相遇，求兄弟两人的速度。

6. 父亲、母亲、小孩三人的步行速度分别为每分钟 100 m、90 m、75 m。父亲在公路的A处，母亲、小孩在公路的B处，三人同时出发相向而行。父亲、母亲相遇了3 分钟后父亲与小孩相遇。求A、B之间的距离。

行程问题(三) 基础卷

1 甲、乙两地相距 272 km,客车从甲地开往乙地,每小时行驶 64 km,半小时后货车从乙地开往甲地,每小时行驶 56 km,货车开出几小时后和客车相遇?

2 甲、乙两人分别从相距 1980 m 的两处出发相向而行,甲每分钟步行 120 m,乙骑车每分钟行 225 m。甲出发 5 分钟后,乙骑车出发,求甲出发几分钟后和乙相遇。

3 客、货两车从甲、乙两地相对开出,客车每小时行 68 km,货车每小时行 35 km,货车中途因修车停留半小时,共经历 4.5 小时两车相遇,求甲、乙两地的距离。

4 一汽车从 A 地去 B 地送货,去时每小时行 40 km,返回时因空车每小时行 60 km,往返共用 7.5 小时,求 A、B 两地的距离。

5 轮船上所带燃料最多可用 9 小时,顺水时轮船每小时行 15 km,逆水时轮船每小时行 12 km,轮船最多行多少千米就要往回开?

6 A、B、C 三地在一条直线上,A、B 两地相距 1000 m,甲、乙两人从 A 地同时向 C 地行走,甲每分钟走 35 m,乙每分钟走 45 m。经过几分钟 B 地在甲、乙两人的中点上?

提高卷

1. 老师今年 40 岁，学生今年 12 岁，再过几年老师的年龄是学生的 3 倍？

2. 快车每小时行 120 km，慢车每小时行 80 km，两车同时从东站出发驶向西站，当慢车到达西站时，快车已在西站停留 2 小时。求东、西两站相距多少千米？

3. 快、慢两车同时从 A 地到 B 地，快车每小时行 63 km，慢车每小时行 56 km。途中快车因故停留 2 小时，结果两车同时到达 B 地。求 A、B 两地间距离。

4. 一位同学在 405 m 长的环形跑道上跑一圈。已知他前一半时间每秒跑 5 m，后一半时间每秒跑 4 m。求他跑一半路程用了多少时间？

5. 小明在 360 m长的跑道上跑了一个来回，已知他的前一半时间每秒跑 6 m，后一半时间每秒跑 4 m。求他返回时用了多少秒？

6. A、B两地相距 205 km，甲开汽车从A地出发，计划 5 小时到达B地。他的前一半时间每小时行 36 km，为了按时到达B地，后一半时间每小时必须行多少千米？

期中测试(二)

1 快、慢两车同时从 A 地到 B 地，快车每小时行 54 km，慢车每小时行 48 km。途中快车因故停留 3 小时，结果两车同时到达 B 地。求 A、B 两地间的距离。

2 东、西两地相距 5400 m。甲、乙从东地，丙从西地同时出发相向而行。甲每分钟行 55 m，乙每分钟行 60 m，丙每分钟行 70 m。多少分钟后乙正好走到甲、丙之间的中点处？

3 从甲地到乙地，慢车要行 10 小时，快车要行 7 小时。现在两车同时从甲、乙两地相向开出，由于两车每小时各多行了 15 km，所以 3.5 小时两车在途中相遇。甲、乙两地相距多少千米？

4 公路的一边每隔 45 m 有一块广告牌，两端之间共有 53 块。现在要改成每隔 60 m 一块，要求两端不移动，中间还有多少块不必移动？

5 学校开运动会，在 400 m 的环形跑道边每隔 16 m 插一面彩旗。后来又增加了一些彩旗，就把每两面彩旗之间的距离缩短了，起点一面不动，重新插完后发现一共有五面彩旗没有移动。问：现在彩旗的间隔是多少？

6 用长 9 cm、宽 6 cm、高 4 cm 的长方体木块叠成一个正方体，至少要用这样的木块多少块？

7 A、B 两地相距 1800 m，甲、乙二人从 A 地出发，丙同时从 B 地出发与甲、乙两人相向而行。已知甲、乙、丙三人的速度分别是每分钟 60 m、80 m、100 m，当乙和丙相遇时，甲落后于乙多少米？

8 两个班人数一样,若第一个班去掉 15 人,第二个班去掉 35 人,则剩下的人数,第一个班是第二个班的 5 倍,求每个班原来各有多少人?

9 一个文具店出售每支 5 角的铅笔,很少有人买。于是,文具店把这种铅笔降价售出,结果库存的这种铅笔全部卖完,共卖得 31.93 元。这个文具店库存的这种铅笔多少支?每支多少元?

10 甲、乙两车在与铁路平行的公路上背向行驶,每秒都行 10 m,一列火车匀速向甲驶来,在甲车旁开过用了 9 秒,然后又在乙车旁开过用了 39 秒,求这列火车的速度。

11 同学们去秋游,排成一列队以每秒 1 m 的速度行进,队伍长 300 m,王老师因事以每秒 1.5 m 的速度从队伍的末尾追到排头,又立即从队伍的排头回到末尾,王老师又回到末尾时一共花了多少分钟?

12 甲由 A 地行向 B 地,同时乙由 B 地行向 A 地,经过 14 分钟两人过了相遇点后相距 90 m,已知甲行全程要 24 分钟,乙每分钟行 60 m,A、B两地相距多少千米?

13 甲、乙两人分别从 A、B 两地同时相向而行,30 分钟可以相遇,如果甲每分钟比原来多行 12 m,乙每分钟比原来少行 8 m,那么 29 分钟两人相遇,求两地的路程。

行程问题(四) 基础卷

1. 一辆摩托车从 A 地到 B 地共行驶了 420 km,用了 5 小时。途中一部分公路是水泥路,部分是普通公路,已知摩托车在水泥公路上每小时行驶 110 km,在普通公路上每小时行驶 60 km,求摩托车在普通公路上行驶了多少千米?

2. 冬冬家离学校 3200 m,有一次他以每分钟 200 m 的骑车速度去学校上课,骑几分钟后发现如果以这样的速度骑下去一定会迟到,他马上改用每分钟 250 m 的速度前进,途中共用了 15 分钟,准时到达学校。问:冬冬是在离学校多远的地方加速的?

3. 小明和爸爸一起植树,爸爸每小时植树 10 棵,植了一段时间后小明接着植,小明每小时植 6 棵,两人共植树 8 小时,共植了 60 棵。问:小明植了多少棵?

4. 客、货两车同时从甲、乙两车站迎面开来,客车每小时行驶 56 km,货车每小时行驶 48 km,两车在距离中点 40 km 的地点相遇,甲、乙两车站相距多少千米?

5. 快、慢两车同时从甲、乙两车站迎面开来,快车每小时行驶 100 km,慢车每小时行驶 65 km。两车到达车站后立即往回开,第二次相遇时快车比慢车多行驶了 210 km。求甲、乙两车站间的距离。

6. 甲、乙两车同时从相距 300 km的两站相向开出,到达对方站后立即返回。经过 5 小时甲、乙两车在途中再次相遇。相遇时甲车比乙车多行驶了 120 km。求两车的速度。

提高卷

1 甲、乙两队合修一条 264 m 的公路，甲队先修 4 天，又和乙队合修了 8 天才完成任务，已知甲队比乙队每天少修 3 m。求乙队每天修几米？

2 师、徒两个做零件 2300 个，师父先做了 5 分钟后，师徒两人再合做 10 分钟完成。如果师父每分钟比徒弟多做 20 个。求师、徒两人每分钟各做多少个？

3 甲、乙两人同时从 A、B 两地骑车相向而行，甲每小时行驶 15 km，甲碰到乙后再骑 2 小时到 B 地，乙再骑 45 km 到达 A 地。求乙的速度。

4 客、货两列火车分别从东、西两站出发相向而行，客车每小时行驶 90 km，两车相遇后货车再行 270 km 到达东站，客车再行驶 4 小时到达西站。求货车行驶完全程所用的时间。

5 李同学骑自行车上学，因有急事从学校打的回家，来回途中共用 1.5 小时。如果来回都打的只需 30 分钟。求往返都骑自行车要用多长时间？

6 一辆汽车从粮库到粮店运粮，来回共用 15 小时，去时用的时间是回来的 1.5 倍，回来时比去时每小时快 12 km，求两地的距离。

算式谜 基础卷

1. 已知六位数 $\overline{2ABCDE}$ 的 3 倍正好是 $\overline{ABCDE2}$。求该六位数。

2. 已知“赛”=6，那么“南通市数学”所表示的五位数是什么？

	南	通	市	数	学	赛
×						4
	赛	南	通	市	数	学

3. 不同的汉字代表不同的数字，请推出“我们喜欢数学”分别表示什么数字？

	我	们	喜	欢	数	学
×						学
	优	优	优	优	优	优

4. 在方格中填数字，使算式成立。

		3	□	□	□
×				□	□
	2	□	□	□	1
2	8	□	8	7	
3	0	□	□	□	1

5. 在方格中填数字，使算式成立。

	□	6	□	□
×			□	1
	□	□	7	9
□	□	1	6	
□	□	□	□	□

提高卷

1. 在方格中填数字,使算式成立。

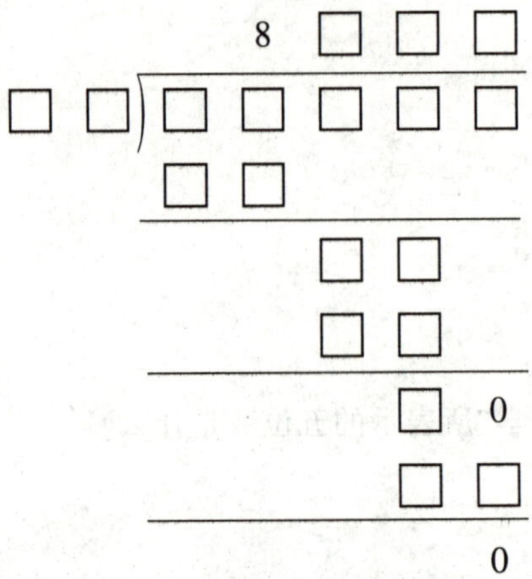

2. 把0,1,2,3,4,7,9填到下面方格里,使等式成立。

□□□×□+□+□=□

3. 在如图所示的五个方格中分别填入一个两位数，使得横行的三个数与竖行的三个数之和相等,并且这五个两位数正好是由0~9十个数字组成的。

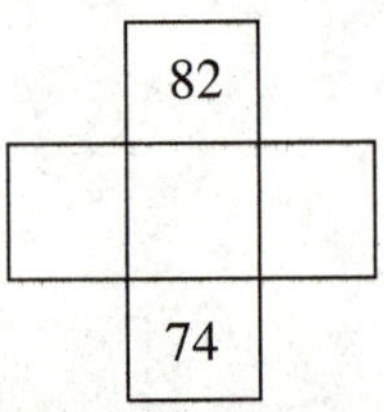

4. 下面算式中每个字母代表一个数字,请确定$\overline{abcxyz}$这个六位数是几?

$$7\times\overline{abcxyz}=6\times\overline{xyzabc}$$

5. 将1~10这十个数分别填入图中的十个○内,使每条线段上的四个○内的和相等。

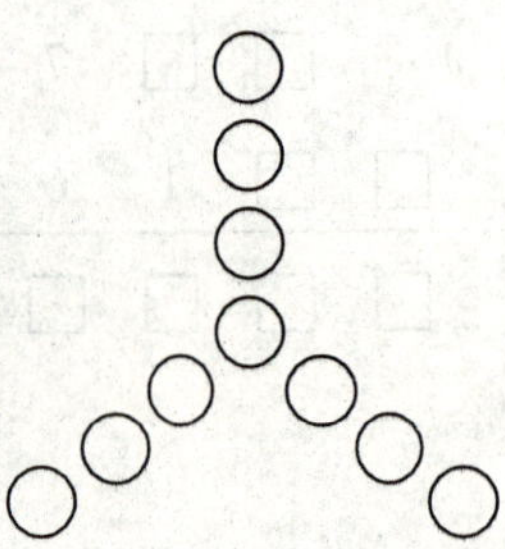

6. 将1~9九个不同的数字分别填在( )中,使下面的三个算式成立。

(　　)+(　　)=(　　)

(　　)-(　　)=(　　)

(　　)÷(　　)=(　　)

包含与排除 基础卷

1. 五年级有 168 人参加语文、数学考试,每人至少有一门功课获优,其中语文获优的有 87 人,数学获优的有 109 人,问:语文、数学都获优的有多少人?

2. 某班有 56 名学生,在一次测验中有 25 人得满分,在第二次测验中有 23 人得满分。如果两次测验中都没有得过满分的学生有 18 人,那么两次测验中都得满分的人有多少?

3. 某学校外语教研组共有 15 名懂英语的教师,12 名懂日语的教师, 两种语言都懂的教师有 8 人,问:该教研组共有多少名教师?

4. 某班在一次测验中有 28 人语文获优,30 人数学获优,其中语文、数学双优的有 13 人,另外还有 8 人语文、数学均未获优,这个班共有多少学生?

5. 数学小组有 20 名同学一起做两道数学思考题,做对第一道题的有 10 人,做对第二道题的有 15 人。两题都做错的有 2 人。求两题都做对的有多少人?

6. 有一个 100 名游客的旅游团, 有 60 人懂英语,58 人懂日语,既懂英语又懂日语的有 34 人,英语、日语都不懂的有多少人?

提高卷

1 五年级(1)班有学生56人,每人至少完成了一门作业,其中45人完成了数学作业,42人完成了语文作业,这个班两种作业都做完的有多少人?

2 某校挑选18名学生参加市春季运动会,获第一名的有12人,获第二名的有11人,两个名次都取得的有9人。这次运动会上既没取得第一名,也没取得第二名的有多少人?

3 某学校组织同学参加足球和乒乓球比赛,参加足球比赛的有20人,参加乒乓球比赛的有18人,同时参加足球和乒乓球比赛的有13人。问:参加比赛的共有多少人?

4 80个英语、日语老师中,懂英语的有65人,懂日语的有35人,其中必有既懂英语又懂日语的老师,问:只懂英语的老师有多少人?

5 五年级112名同学参加语文、数学考试,每人至少有一门获优,已知语文获优者60人,数学获优者73人,求只有语文一门获优的人数。

6 五(1)班有56名同学,每人至少会打乒乓球或羽毛球的一种,只会打乒乓球的28人,会打乒乓球又会打羽毛球的有16人,仅会打羽毛球的有多少人?

置换问题 基础卷

1 2千克的苹果与2.5千克的梨的价钱相等,买10千克苹果和15千克梨共付款66元。求苹果和梨每千克的单价各是多少?

2 用大、小两种汽车运送一批货物,3辆大车的载重正好等于4辆小车的载重,6辆大车和10辆小车一次共运货108吨,问:大、小车的载重各是多少?

3 用大、小两台水泵抽水,大水泵抽4小时,小水泵抽3小时,一共抽水156吨。小水泵5小时的抽水量等于大水泵2小时的抽水量。求两水泵每小时的抽水量。

4 快、慢两车先后从相距864 km的东、西两站出发,相向而行,快车行驶12小时,慢车行驶4小时,两车在途中相遇。已知快车6小时的路程等于慢车7小时的路程。问:两车的速度?

5 父子二人上山植树,父亲植树20小时,儿子植树8小时,二人共植树396棵。如果父亲4小时植树的棵数和儿子5小时的棵数相等,那么二人每小时各植树多少棵?

6 一池水用大水泵抽5小时后由小水泵抽3小时可以完成;小水泵抽9小时后由大水泵来抽也是3小时抽完,那么大水泵先抽1小时后由小水泵来抽要用多长时间?

提高卷

1 买2张新课桌和3只方凳要付210元钱，现买同样的课桌3张和方凳2只要付280元。问：买一张课桌和一只方凳用多少钱？

2 5辆玩具摩托车与3辆玩具汽车的价钱相等，每辆玩具汽车比玩具摩托车贵8元。求两种玩具的单价各是多少元？

3 3筐梨的价钱和2筐苹果的价钱相等，一筐苹果比一筐梨贵12元。苹果、梨一筐各多少钱？

4 一个大笼子能容纳18只鹅和9只鸡或容纳14只鹅和15只鸡（假设同种家禽大小一样），如果用这只笼子来装鹅，一共可以装多少只？

5 服装店批发8件同样的裤子和4件同样的上衣或6条同样的裤子和12件同样的上衣的价钱相等，问：如果全批发裤子能批发多少条？

6 一辆货车正好装12袋大米和25袋面粉，取下3袋大米后空下的地方正好装5袋面粉。问：这辆车全装面粉比全装大米多放几袋？

估值问题 基础卷

1. 31211101768954321÷12345678910126213，商保留小数点后三位。

2. 在（ ）里填“>”“<”“=”。

32224756÷12126578（　　）6543789÷2123896

3. 计算 465850×465850−465849×465851

4. 在（ ）里填“>”“<”“=”。

34786×58796（　　）34785×58797

5. 下列算式中，商最小的是（　　）。

A. 2.075÷0.05　　B. 2075÷5　　C. 2075÷0.5　　D. 2.075÷0.5

6. 下列算式中，积最小的是（　　）。

A. 555.5×55.55

B. 555.5×555.5

C. 555×555

D. 55.55×55.55

7. 在（ ）里填“>”“<”“=”。

①$a+1=b-1$　　a（　　）b

②$a-1=b+1$　　a（　　）b

③$a\times0.2=b\div20$　　a（　　）b

④$a\div0.2=b\times20$　　a（　　）b

第35周

提高卷

1. 已知长方形、平行四边形、正方形的面积相等，各阴影部分的面积分别为 A、B、C，则 A、B、C 中最大的为(　　)。

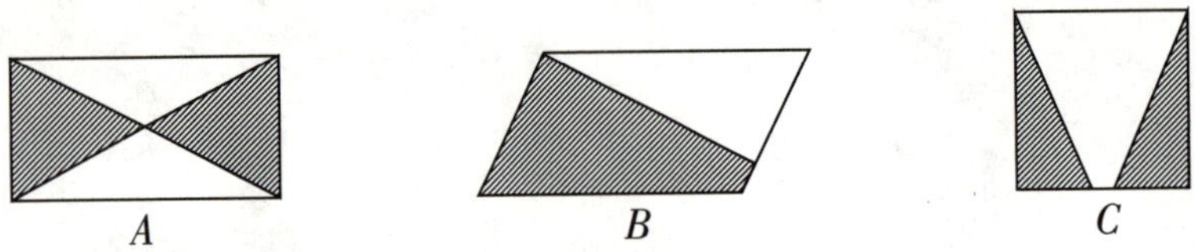

2. 下面正方形和长方形的周长相等，中间阴影部分的面积谁大？

3. 比较下图的阴影部分的面积 。

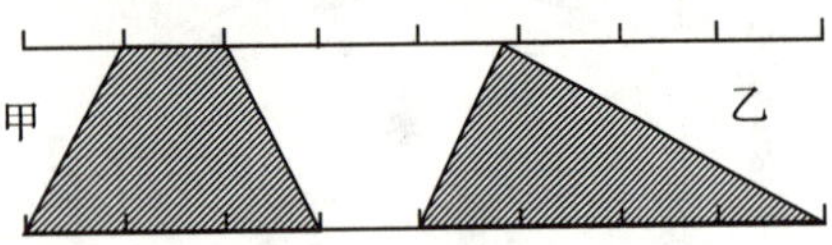

甲(　　)乙

4. 被 5 除或被 6 除，余数都是 1。符合条件的最小和最大的四位数各是多少？

5. 有一个六位数，它的前四位数是 1860，且这个六位数既是 11 的倍数又是 13 的倍数，求这个六位数。

6. 有 100 朵花，按 2 红、3 黄、4 白的顺序排列，问：(1)最后一朵花是什么颜色的？(2)红、黄、白花各几朵？

火车行程问题 基础卷

1 一列火车长 360 m，每秒钟行驶 18 m。全车通过一座长 90 m 的大桥要用多长时间？

2 小明以每秒 3 m 的速度沿着铁路边的人行道跑步，后面开来的一列 180 m 的火车，火车每秒钟行驶 18 m。问：从火车追上小明到完全超过小明共用多少秒钟？

3 *A* 火车长 210 m，每秒钟行驶 25 m，*B* 火车每秒钟行驶 20 m，两列车同方向行驶，从 *A* 火车追上 *B* 火车到超过共用了 80 秒，求 *B* 火车的长度。

4 南京长江铁路大桥全长 6000 m，一列火车以每分钟 720 m 的速度通过这座大桥，从车头上桥到车尾离开大桥共用 8.6 分钟，求这列火车多长？

5 一列列车长 240 m，每秒钟行驶 20 m。全车通过一座 160 m 的大桥需要多少时间？

6 一列火车长 210 m，每秒钟行驶 25 m。全车通过一个 190 m 的山洞需要多少时间？

提高卷

1. 一列火车通过 340 m 的大桥需要 100 秒，用同样的速度通过 144 m 的大桥用了 72 秒。求火车的速度和长度。

2. 有两列火车，客车长 168 m，每秒钟行驶 23 m，货车长 288 m，每秒行驶 15 m。问：从两车相遇到离开需要多长时间？

3. 一列 350 m 长的火车以每秒钟 25 m 的速度穿过一座桥花了 20 秒，问：大桥的桥长是多少？

4. 甲列车每秒钟行驶 18 m，乙列车每秒钟行驶 12 m。若两列车齐头并进，则甲列车经过 40 秒超过乙列车，若两列车齐尾并进，则甲列车经过 30 秒超过乙列车。求甲、乙列车的长度。

5. 一列快车长 200 m，每秒钟行驶 20 m；一列慢车长 160 m，每秒钟行驶 15 m。若两列车齐头并进，则快车超过慢车要多少时间？若两列车齐尾并进，则快车超过慢车要多少时间？

6. 老李沿着铁路散步，他每分钟走 60 m，迎面过来一列长 300 m 的火车，他与车头相遇到与车尾相离共用了 20 秒，求火车的速度。

简单列举 基础卷

1 用黄、绿、红、白四种颜色的球各一个排成一排，有多少种不同的排法？

2 用 0,1,2,3 四个数字组成一个没有重复数字的三位数，可以组成多少个偶数？

3 有一家五口人站成一排照全家福，共有多少种排法？

4 在一个长方形中画 6 条直线，最多能把它分成多少份？

5 请你算一算在一张圆形纸片中画 12 条直线，最多能分成多少份？

6 从 1 到 100 的自然数中，数字“9”出现多少次？

提高卷

1 在一个圆形纸片上画 4 条横的平行线和 4 条竖的平行线，最多分多少份？

2 a 和 b 是自然数，且 $a+b=81$。a 和 b 相乘的积最大是多少？

3 有一个竹篱笆全长 24 m，把它围成一个四边形，所围面积最大是多少平方米？

4 a、b、c 是三个互不相等的非零自然数，且 $a+b+c=30$，那么 a、b、c 的积最大可以是多少？最小是多少？

5 从 1 到 100 的自然数中，完全不含数字“9”的数有多少？

6 从 1 到 10 000 的自然数中，共有多少个数字“9”？

最大最小问题 基础卷

1 将 1,2,3,4,5,6 六个数填入圆圈内,使三角形每条边的和相等,并且最大。

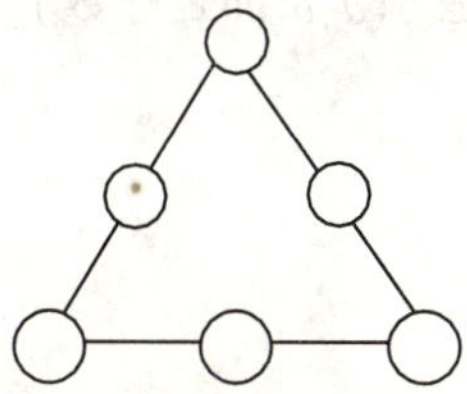

2 把 1~8 分别填入下图的圆圈内,使每个大圆的五个数的和相等,并且最大。

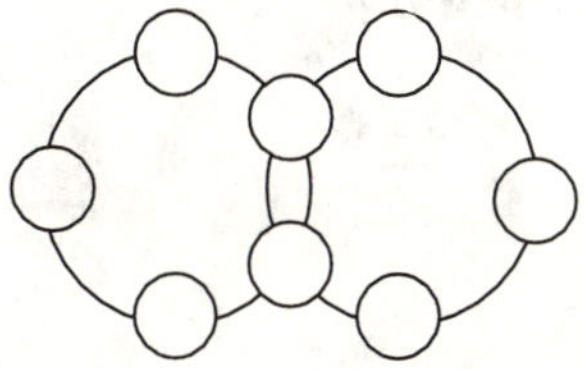

3 一次一把钥匙开一把锁,现有三把钥匙、三把锁,但不知道哪把钥匙开哪把锁。问:最多要试多少次才知道哪把钥匙开哪把锁?

4 有 5 位同学收集汽车票,他们共有 3 张 1 元、3 张 2 元、2 张 5 元和 4 张 10 元的车票,这五位同学每人的车票价钱数各不相同,问:收集汽车票价钱最多的同学最少收集了多少元的汽车票?

5 4 个人的年龄和是 100 岁,其中最小的 17 岁,且四人的年龄都不相同,那么年龄最大的最多是几岁?

6 一把钥匙只能开一把锁,现有五把钥匙、五把锁,但不知道哪把钥匙开哪把锁。问:最多要试开多少次才能配好全部的锁和钥匙?

提高卷

1 一个三位数除以39，商是a，余数是b（a，b都是整数）。求$a-b$的最大值。

2 一次考试满分100分，5个同学平均得分92分，且各人得分是不相同的整数。已知分数最少的80分。那么第三名同学最少得多少分？

3 有两条垂直相交的线段AB、CD，交点为E。已知$DE=3CE$，$BE=4AE$，在AB、CD上取三点画三角形，问：怎样取三角形的面积最大？

4 甲、乙、丙三同学移动7张桌子，由于桌子的远近关系，移动桌子所花的时间分别为4分钟、5分钟、6分钟、7分钟、8分钟、9分钟和10分钟。现三人同时开始，至少要花多少时间全部移完？

5 某大街两侧有三家大商店，从甲店经过乙店到丙店要走3000 m，从乙店经过丙店到甲店要走3500 m，从丙店经过甲店到乙店要走2500 m。哪两家的店距离最近？相距多远？

6 在一次考试中小明的语文和数学平均成绩是96分，数学和英语的平均成绩是88分，语文和英语的平均成绩是86分。求小明三门功课的得分各是多少？哪门最高？

推理问题 基础卷

1 赵、钱、孙、李四位同学，已知身高钱不是最高，但他比赵、李高，而赵不比李高，请从高往矮帮他们排序。

2 某里程碑的编号是一个三位数，现有五个三位数：694，956，423，594，720。其中每一个数与里程碑的编号恰好在同一位数上有一个相同的数字，问：里程碑的编号是多少？

3 一个正方体的六个面上分别写着 A、B、C、D、E、F 六个字母。根据下列摆放的三种情况，判断每个字母的对面是什么？

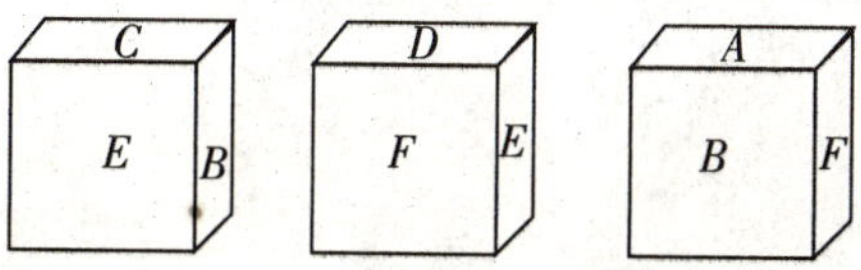

4 王、张、李三人在一起，其中一位是博士，一位是教授，一位是副教授。现知道李比教授年龄大，王和副教授不同岁，副教授比张年龄小。问：他们三人谁是副教授？谁是博士？谁是教授？

5 赵、钱、孙、李四位老师分别教数学、语文、自然、体育的一门课。赵只能教数学或体育，钱只能教语文或自然，孙只能教数学、语文或自然，李只能教自然。问：实际哪个人只能教数学？

第39周

提高卷

1 A、B、C、D 四人住在一个宿舍里。一天晚上回来最晚的忘了关灯,第二天宿舍管理员调查谁回来的最晚?

①A 说:我回来时,C 没有回来。

②B 说:我回来时,D 已经睡了,我也就睡了。

③C 说:我进门时,B 还在床上。

④D 说:我回来就睡了,别的没注意。

他们说的都是实话,你知道谁回来的最晚?

2 下面盒子上写的标签只有一张是正确的,请判断小王在哪个房间里?

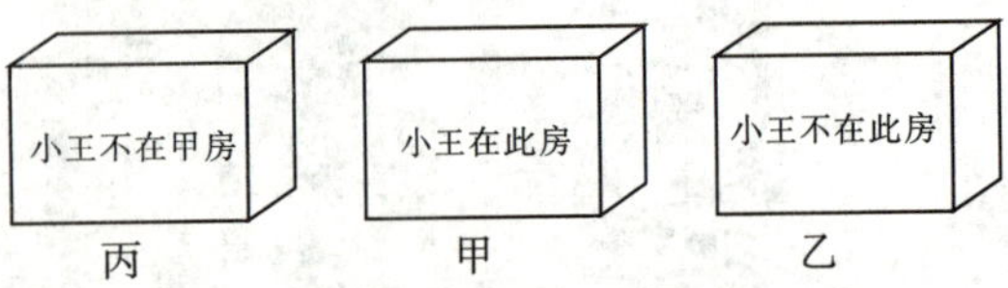

3 七只鱼缸里所放金鱼的条数分别为 9 条、11 条、10 条、12 条、21 条、22 条、40 条。已知同一缸里的鱼同色,只有一缸是黑色的,其余都是红色和白色,且红色是白色的 5 倍。问:黑色的金鱼有几条?

4 有五箱水果,每箱里放的是同一种水果,其中只有一箱放的是香蕉,其余都是苹果和梨,已知箱子中的水果分别是 7 千克、8 千克、21 千克、27 千克、57 千克,且苹果是梨的 3 倍。求香蕉共有多少?

5 桌上放了七叠书,其中只有一叠是卡通书,其余都是故事书和科技书,且故事书是科技书的 6 倍。这七叠书分别是 3 本、4 本、5 本、16 本、26 本、25 本、38 本。问:卡通书有几本?

6 黎明同学看一本书,如果他每天看的页数比前一天增加一倍,6 天正好看完。已知这本书共有 126 页,他第几天看到第 24 页?

期末测试(二)

1 有 8 个砝码,分别为 2 克、3 克、4 克、4 克、5 克、6 克、8.5 克、10 克,将它们分成三堆,尽可能轻,那么最重的一堆应是多少克?

2 现有九把钥匙九把锁,但不知哪把钥匙开哪把锁,问:最多要试多少次才可知哪把钥匙开哪把锁?

3 在一个布袋里有红色、黄色、蓝色袜子各 10 只,问:最少要拿多少只才能保证其中至少有两双颜色不相同的袜子?

4 给一本书编页码,刚好用去 183 个数字,一次不小心烧掉 4 张后,留下的页码还有 175 个数字,问:烧掉的是哪几页?

5 有一草坪,每天生长的面积扩大至原来的 2 倍,十天后草坪的面积达 84 m^2。问第七天草坪的面积是多大?

6 有一种细菌,每天繁殖数是原来的1倍,20天繁殖到40000个,问:繁殖到 5000 个时是第几天?

7 在 100 位导游中,每人至少懂英语或日语中的一门,懂英语的有 70 人,懂日语的有 60 人,其中必然有两种语言都懂的导游,求只懂日语的有多少人?

8 在一次考试比赛中，规定每人报 2 门不同科目，分别有数学、语文、英语三科，其中报数学的有 34 人，报语文的有 35 人，报英语的有 31 人，则同时报语文和英语的共有多少人？

9 一项工程，甲队做 5 天以后由乙队来做，3 天可以完成，乙队做 9 天以后由甲队来做，也用 3 天可以完成，那么甲队做一天以后由乙队来做，几天可以完成？

10 8.8+8.98+8.998+…+8.9999999998 的整数部分是多少？

11 小明和小强从甲地，小刚从乙地同时相向而行。小明每分钟走 55 m，小强每分钟跑 300 m，小刚每分钟走 65 m。途中小强遇到小刚立即返回，再遇到小明又立即返回，小强这样往返一直到三人途中相遇为止，这时小强共行了 2850 m，求甲、乙两地相距多少千米？

12 甲、乙两船在静水中航速相同，分别从 A、B 两港口同时出发，相向而行，水流速为每小时 5 km，5 小时后相遇。已知两港口之间的距离为 350 km。求甲船从 A 港口顺流而下几小时到达 B 港口？

13 有六箱水果，其中只有一箱是香蕉，其余都是苹果和梨。已知六箱里所放水果分别为1千克、3千克、12千克、21千克、17千克、35千克，并且苹果是梨的5倍。求香蕉有多少千克？

参考答案

第1周 平均数(基础卷)

1. $(91\times2+88\times2+93\times2)\div2=272$(分)……语文数学英语之和

$272-91\times2=90$(分)……英语

$272-88\times2=96$(分)……数学

$272-93\times2=86$(分)……语文

【思路导航】(注：与答案思路不同) ①语+数$=91\times2=182$(分)②语+英$=88\times2=176$(分)③数+英$=93\times2=186$(分),由①②可知,数学成绩比英语成绩高 $182-176=6$(分),再根据等式③可以算出数学:$(186+6)\div2=96$(分),英语:$96-6=90$(分),语文:$182-96=86$(分)。

2. $(10.3-9.13)\times35=40.95$(元)

$40.95\div(9.13-8.5)=65$(千克)

【思路导航】每千克奶糖比每千克什锦糖贵 $10.3-9.13=1.17$(元),每千克水果糖比每千克什锦糖便宜 $9.13-8.5=0.63$(元),35 千克奶糖贵 $1.17\times35=40.95$(元),应补给每千克水果糖 0.63 元,40.95 里有 65 个 0.63,即有 65 千克水果糖。

3. $(148-145)\times7+121=142$(下)

【思路导航】7 个同学真实成绩和 $148\times7=1036$(下),由于记录失误,成绩和为 $145\times7=1015$(下),1015 比 1036 少了 21 下,这少的 21 下是由于李强的成绩被错记,李强实际跳 $121+21=142$(下)。

4. $(9.70-9.04)\div(9.04-8.82)+1=4$(位)

【思路导航】9.70 比 9.04 多 0.66 分,这 0.66 分必须填补到其他几个裁判员成绩中,使平均成绩由 8.82 变为 9.04,每个裁判员评的成绩填补 $9.04-8.82=0.22$,0.66 里面有 3 个 0.22,所以其他裁判员有 3 位,连给出最高分的在内一共 $3+1=4$(位)。

5. $70\times3+78\times5-75\times7=75$(页)

【思路导航】先求出一个星期共看的页数 $75\times7=525$(页),再求出前 3 天的和:$70\times3=210$(页),后五天的和:$78\times5=390$(页)。用前三天的和加上后五天的和,这样,第三天的被算了两次,必然比 525 多,而多出的部分就是第三天看的。$210+390-525=75$(页)。

6. $(24\times5+210-32\times8)\div2=37$

【思路导航】8 个数的和是 $32\times8=256$,前 5 个数的和是 $24\times5=120$,后 5 个数的和是 210,用前 5 个数的和加上后 5 个数的和是 330,这样中间的两个数就算了两次,必然比 256 多,多出的部分就是中间两数的和,它们的平均数就是 $(120+210-256)\div2=37$

第1周 提高卷

1. $(15+67-1+15)\div2=48$

【思路导航】等差数列的平均数等于这一串数的总和除总项数,而等差数列的和=(首项+尾项)×项数÷2,所以,等差数列的平均数为(首项+尾项)÷2,即头尾的平均数。尾数为 $15+67-1=81$,则平均数是 $(15+81)\div2=48$。

2. $(97+11)\div3=36$(个)……这四天的平均数

$36+11=47$(个)

【思路导航】将前三天加工的总和 97,加上第四天比平均数多的 11 个,$97+11=108$,除以 3 得这四天的平均数 $108\div3=36$(个),而第四天加工的比平均数还多 11 个,即 $36+11=47$(个)。

3. $288\div[20-(288\div12-20)]=18$(时)

【思路导航】船顺水时的速度等于船速加水速,$288\div12=24$ (千米/时),$24=20+$水速,水速$=24-20=4$(千米/时),船逆水的速度等于船速减水速,即 $20-4=16$(千米/时),用的时间为 $288\div16=18$(时)。

4. $9\div3=3$(个)　　$4.5\div3\times(5-3)=3$(元)

【思路导航】甲、乙、丙三人买了 9 个面包平均分，每人应分得 3 个；丙应付 4.5 元，即付 3 个面包的钱，每个面包 4.5÷3=1.5(元)，甲付了 5 个面包的钱，多付了 5-3=2(个)面包的钱，应收回 1.5×2=3(元)。

5. (86+92+100+106)×3÷6÷4=48

【思路导航】$(A+B+C)\div3+D=86$ ①

$(A+B+D)\div3+C=92$ ②

$(A+C+D)\div3+B=100$ ③

$(B+C+D)\div3+A=106$ ④

(①+②+③+④)×3=$3(A+B+C+D)+3A+3B+3C+3D=6(A+B+C+D)$=(86+92+100+106)×3，四个数的平均数为$(A+B+C+D)\div4$=(86+92+100+106)×3÷6÷4=48。

6. 最多有 10 个数，最大数为 19

【思路导航】设有$(A+1)$个数，则

$10(A+1)-9A=A+10$……最大数

$10(A+1)-11A=10-A$……最小数

由 $10-A>0$ 得A 最大为 9

故最多有 10 个数，最大数为 19。

第 2 周 等差数列(基础卷)

1. 原式=(1+2012)×2012÷2=2025078

【思路导航】在这里 1，2，3，…，2012 是等差数列，公差是 1，首项是 1，末项是 2012，项数是 2012。根据等差数列的求和公式，数列和=(首项+末项)×项数÷2。

2. 原式=(2+2588)×2587÷2=3350165

3. 末项=5+3×(2000-1)=6002；和=(5+6002)×2000÷2=6007000

【思路导航】数列和=(首项+末项)×项数÷2，但是这里的末项是多少我们还不知道，所以，先要把末项求出来。根据首项、公差和末项的关系，我们可以根据公式：末项=首项+公差×(项数-1)，先求出末项。

4. 末项=10+5×(5000-1)=25005；和=(10+25005)×5000÷2=62537500

5. 项数=(97-11)÷2+1=44；和=(11+97)×44÷2=2376

【思路导航】这也是一个等差数列，首项是 11，末项是 97，通过观察，我们能发现公差是 2。我们很难一下子看出有多少项，所以，要先根据公式：项数=(末项-首项)÷公差+1 求出项数。

6. 项数=(92-2)÷2+1=46； 和=(2+92)×46÷2=2162

第 2 周 提高卷

1. 项数=(2012-2)÷2+1=1006

原式=(2012-2010)+(2008-2006)+…+(4-2)=(1006÷2)×2=1006

【思路导航】观察这道算式，我们发现虽然数比较大，但是数与数之间还是存在着一些规律。每一组减数的差都是 2。在这里，关键是求出差的个数是多少。因为这也是一个等差数列，公差是 2，所以，项数就是：(2012-2)÷2+1=1006，这 1006 个数每两个一组得到差是 2，所以，和就是(1006÷2)×2=1006。

2. 项数=(9000-3)÷3+1=3000

原式=(9000-8997)+(8994-8991)+…+(6-3)=(3000÷2)×3=4500

3. 项数=(99-11)÷2+1=45；和=(11+99)×45÷2=2475

【思路导航】能被 2 除余数是 1 的两位数中最小是 11。按照这样的想法，能被 2 除余数是 1 的两位数中最大的是 99。这样，符合条件的数组成了一个等差数列，它们的公差就是 2，首项是 11，末项是 99，只要求出项数，就能解决问题了。

4. 项数=(997-100)÷3+1=300；和=(100+997)×300÷2=164550

5. 1+2+3+…+8=36(次)

【思路导航】从第 1 个人算起，他和其余 8 个人每个人握 1 次手，共握了 8 次；再从第 2 个人算起，他已经和第 1 个人握过手了，所以，他只要和除第 1 个人以外的 7 个人每个人握 1 次手就可以了，第 2 个人共握 7 次；依此类推，每次握手的次数在递减。最后，第 8 个人只要和第 9 个人握手 1 次。将以上的握手次数求和就可算出总的握手次数。

6. 55 次　【思路导航】同上题。

第 3 周　长方形、正方形的周长(基础卷)

1. (50+30+10)×2=180(m)

【思路导航】

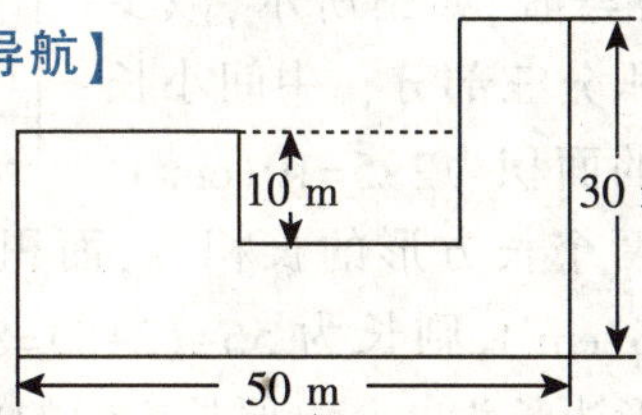

从图中可以看出，整个图形的周长是由八条线段围成的，其中四条横着，四条竖着。上面三条横线的和是 50 m，这样四条横线长为 50+50=100(m)，四条竖线的和为 30×2+10×2=80(m)，图形周长为100+80=180(m)。

2. 甲的周长>乙的周长

【思路导航】甲、乙两部分周长有公共的部分，除此外，甲有正方形的两边长，而乙的两条边长度均小于正方形的边长，所以甲的周长>乙的周长。

3. 这个图形的周长为：

(10+4)×2×2−4×4=40(cm)

另解：(10+4)×2+(10−4)×2=40(cm)

【思路导航】分两部分 和

第一部分的长为(10+4)×2=28(cm)

第二部分的长为(10−4)×2=12(cm)

周长为 28+12=40(cm)。

4. 48÷2=24(dm)

【思路导航】由图可知长方形的长和宽的和刚好等于大正方形的边长 48÷4=12(dm)，而长方形的周长为 12×2=24(dm)。

5. (8+2+3+4)×2=34(cm)

【思路导航】从图中可以看出，整个图形的周长是由 10 条线段围成的，其中五条横着，五条竖着。上面三条横线的和是 9 cm，这样五条横线长 9×2=18(cm)，五条竖线的和是 8×2=16(cm)，图形周长为 18+16=34(cm)。

6. 400÷16=25(cm^2)　　25=5×5

(4+7)×2×5+3×4×5=170(cm)

【思路导航】16 个同样大小的正方形面积是 400 cm^2，每个小正方形的面积是 25 cm^2，小正方形的边长为 5 cm。

整个图形竖着两线的长为 5×7×2=70(cm)，横线长的和为 5×4×2+5×3×4=100(cm)，周长为 70+100=170(cm)。

第 3 周　提高卷

1. 60×2=120(cm)

【思路导航】剪去一个最大的正方形，正方形的边长等于长方形的宽，而剩下的小长方形的长与宽的和刚好是原长方形的长，所以小长方形的周长是 60×2=120(cm)。

2. 4×3×4=48(cm)

【思路导航】如图所示，拼成一个边长为 4×3=12(cm)的大正方形，周长为 4×12=48(cm)。

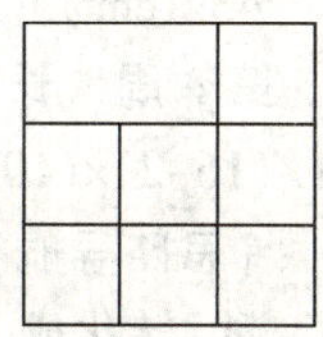

3. (65−5×5)÷2÷5+5=9(cm)　9×4=36(cm)

【思路导航】如图所示，减少的面积为两个小长方形和边长为 5 cm 的小正方形。小长方形的面积为(65−5×5)÷2=20(cm^2)，小长方形的另一边长为 20÷5=4(cm)，原正方形的边长为 4+5=9(cm)，原正方形周长为 9×4=36(cm)。

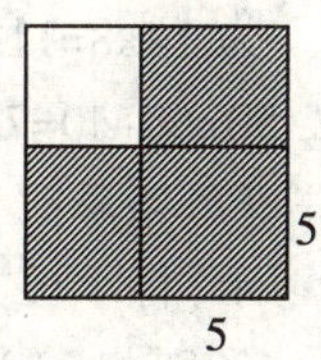

4. 8×4=32(cm)

【思路导航】如图所示，剪去四个角后，正方形的周长没有改变，剩下的图形的周

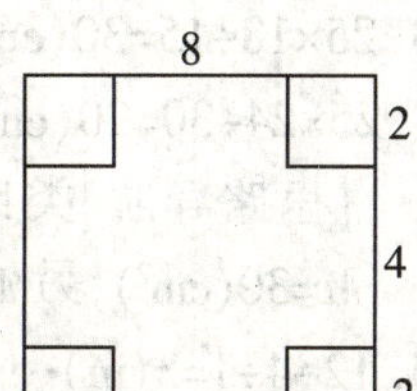

长是原正方形的周长：$8\times4=32$(cm)。

5. $120\div2=60$(m)　$60\times4+4\times4=256$(m^2)

【思路导航】如图所示，剩下的长方形的宽和长分别为 a 和 b，则 $a+b=120\div2=60$(m)，减少的面积为以 b 为长 4 m 为宽的长方形、以 a 为长以 4 m 为宽的长方形和边长为 4 m 的正方形的面积之和：$60\times4+4\times4=256$(m^2)。

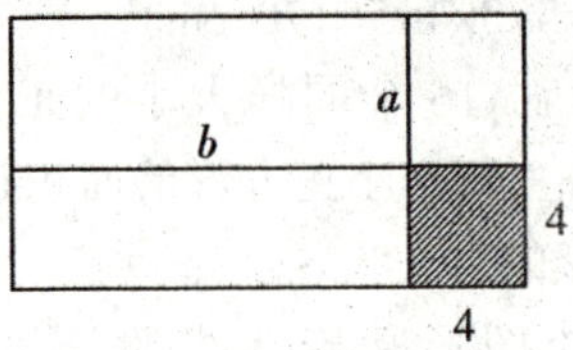

6. $264\div4=66$(cm)

$(66\times66-900)\div8=432$(cm^2)

【思路导航1】$S_{大正方形}-S_{小正方形}=8S_{长方形}$

$264\div4=66$(cm)　$(66\times66-900)\div8=432$(cm^2)

【思路导航2】大正方形的边长$264\div4=66$(cm)，小正方形的边长由 $900=30\times30$ 可知，长方形的宽$(66-30)\div2=18$(cm)，长方形的长$(66-18)\div2=24$(cm)，长方形的面积 $18\times24=432$(cm^2)。

第 4 周　长方形、正方形的面积(基础卷)

1. $(16-2)\times(10-2)=112$(m^2)

【思路导航】将阴影部分向上、下、左、右平移，转化成一个新的长方形，这个长方形的宽是 $10-2=8$(m)，长是 $16-2=14$(m)，面积为 $14\times8=112$(m^2)。

2. $50\times60\div40=75$(m^2)

【思路导航】如图所示，将小长方形各边分别标记为 a、b、c、d，则 $a\times c=(a\times b)\times(c\times d)\div(b\times d)$，即 $50\times60\div40=75$(m^2)。

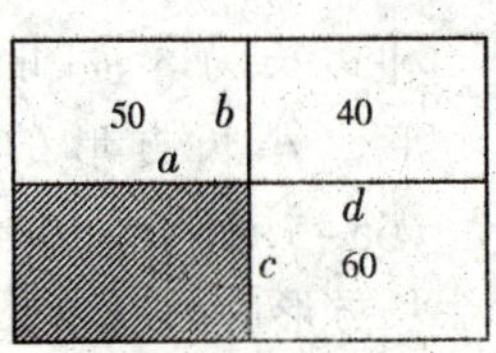

3. $25\times18\div15=30$(cm^2)……M

$25\times24\div30=20$(cm^2)……N

【思路导航】类比上题，可得 $15\times M=25\times18$，$M=30$(cm^2)，另 $M\times N=25\times24$，得 $N=20$(cm^2)。

4. $12\div4\div1=3$(m)……长方形的长

$(3-1)\times(3-1)=4$(m^2)……正方形的面积

【思路导航】如图，长方形的面积为 $12\div4=3$(m^2)，长方形的长为 $3\div1=3$(m)，小正方形的边长为 $3-1=2$(m)，中间花坛的面积是 $2\times2=4$(m^2)。

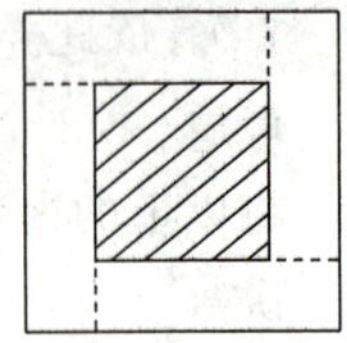

5. $(66-5\times2)\div(5+2)=8$(cm)

$(8+5)\times(8+2)=130$(cm^2)

【思路导航】如图所示，减少的面积分三部分，中间小长方形的面积为$2\times5=10$(cm^2)，其余两个长方形的长相等，面积和为 $66-10=56$(cm^2)，则长为 $56\div(2+5)=8$(cm)，即正方形边长为 8 cm。原长方形的面积为 $8\times8+66=130$(cm^2)。

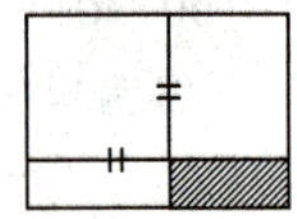

6. 甲的面积=乙的面积

【思路导航】如图，由于等底等高，三角形面积相等可得$S_{甲+丙}=S_{丙+乙}$，同减中间公共部分丙，三角形的面积$S_{甲}=S_{乙}$。

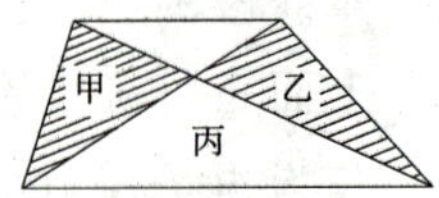

第 4 周　提高卷

1. $(55-35)\div2=10$(cm)……黑瓷砖长、宽之差

$(55-10)\times(55-10)=2025$(cm^2)……白瓷砖的面积

【思路导航】(注：与答案思路不同)如图所示，设白瓷砖边长为 c；黑瓷砖长为 a，宽为 b。

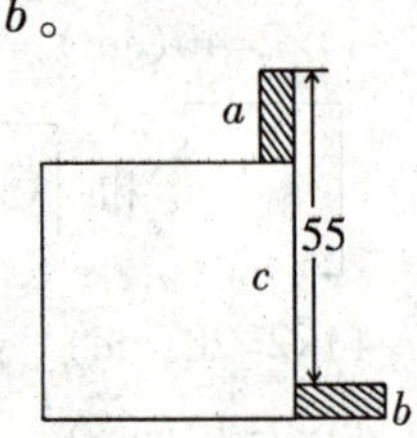

图 1

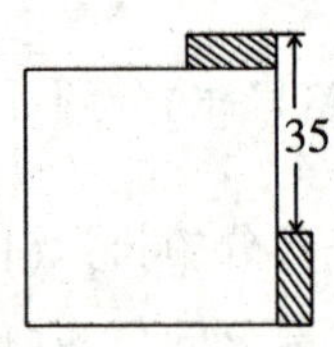

图 2

①$a+c-b=55$　②$b+c-a=35$

两式相加，得 $c=(55+35)\div2=45$(cm)

白瓷砖的面积为 $45\times45=2025$(cm^2)

2. $6\times6\div4\times6=54$(dm^2)

【思路导航】中间部分的正方形面积为 $6\times$

6=36(dm^2),可平均分成 4 个三角形,每个三角形的面积为 36÷4=9(dm^2),整个图形共有 6个这样的三角形,面积为 9×6=54(dm^2)。

3. 15000÷50=300(m)……土地的长

300÷2×(200−50)=22500(m^2)

【思路导航】由于土地宽 200 m,靠鱼塘边的宽还剩下 50 m, 知鱼塘的宽为 200−50=150(m);另外由剩下的面积比鱼塘的面积多 15000 m^2,可求土地长为 15000÷50=300(m),鱼塘的长是它的一半, 即300÷2=150(m)。鱼塘面积为 150×150=22500(m^2)。

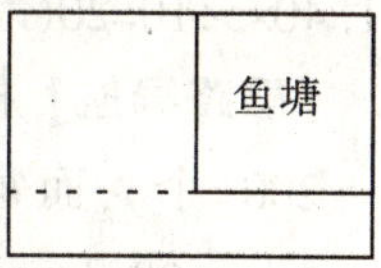

4. 24÷4÷(2+1)=2(cm)……短段

2×2=4(cm)……长段

4×4+2×2=20(cm^2)

【思路导航】正方形的周长为 24(cm),边长为 24÷4=6(cm),被长方形分成两段,长段是短段的 2 倍,则短段长 6÷(2+1)=2(cm),长段 2×2=4(cm),阴影部分可拼成两个正方形,边长分别为 2 cm 和 4 cm,面积为 2×2+4×4=20(cm^2)。

5. (7−5)×(7−5)=4(cm^2)……小正方形的面积

7×5÷2×4+4=74(cm^2)……大正方形的面积

【思路导航】由图所示,小正方形的边长是三角形的两条直角边的差,即 7−5=2(cm),面积为 2×2=4(cm^2),大正方形的面积是 4 个直角三角形的面积加小正方形的面积 5×7÷2×4+4=74(cm^2)。

6. 12÷3×6÷2=12(cm^2)……上下三角形的面积和

6÷2×12÷2=18(cm^2)……左右三角形的面积和

12+18=30(cm^2)……阴影部分面积和

【思路导航】左、右两个三角形的底相等,高的和是长方形的长, 则面积和为 3×12÷2=18(cm^2),同理,上、下两个三角形的底相等都是 12÷3=4(cm),高之和恰为长方形的宽,则 4×6÷2=12(cm^2),所以阴影部分的面积为 18+12=30(cm^2)。

第 5 周　分类数图形(基础卷)

1. 12　　2. 12　　3. 42　　4. 35

5. 72　　6. 36

第 5 周　提高卷

1. 18

2. (1+11)×11÷2=66(个)

【思路导航】数列应用,第十条线段得到的三角形数为从 1 加到 11。

3. 1+1+2+…+7+8=37(部分)

4. 8 个　【思路导航】如图所示:

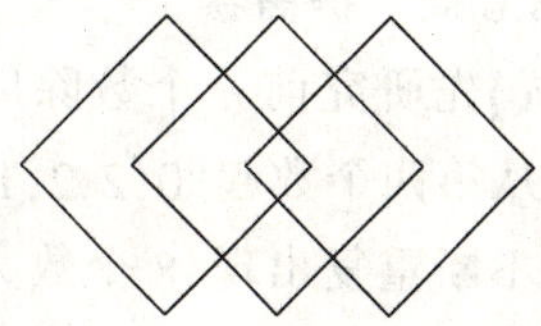

5. 正向:14 个　斜向:6 个　总数:20 个

6. 50 个　【思路导航】剩下的 8 个中任取 3 个,有 8×7×6÷(3×2×1)=56(个),其中不能组成三角形的有 6 个(三点在同一直线),所以共有 56−6=50(个)三角形。

第 6 周　尾数和余数(基础卷)

1. 8　【思路导航】先列举前 n 个 2 的积,看看个位数字怎么变化,1 个 2,个位就是 2,两个 2 相乘,个位是 4,三个 2 相乘,个位是 8,四个 2 相乘,个位是 6……依此类推,积的尾数以 2,4,8,6 四个数字不断重复出现。1991÷4=497……3,余数为 3,说明 N 的末位数字是 8。

2. 4　【思路导航】通过列举,可知积的尾数以 8,4,2,6 四个数字不断重复出现,10÷4=2……2,余数为 2,说明积的尾数是 4。

3. 0　【思路导航】由2×5=10 得积的尾数是 0。

4. 2　【思路导航】先用竖式除一除,每 3 个 5 组成的数被 3 整除,商 185,这样把 100 个5 组成的数划分 3 个 5 一组,共分成 100÷3=33……1,即有 33 个 555,还余 1 个 5,这个多下来的 5 除以 3 后，余数是 2。

5. 156-4=152　　152=2×2×2×19

19；19×2=38；19×2×2=76

【思路导航】由除 156 余 4 知被除数若为 152 则刚好整除，152 分解质因数为 152=2×2×2×19，两位数是 19，2×19=38，2×2×19=76。

6. (7+6+5)÷8=2……2　　余数是 2

【思路导航】设甲为 $8a+7$，乙为 $8b+6$，丙 $8c+5$，则甲+乙+丙为($8a+8b+8c+7+6+5$)，而(7+6+5)÷8=2……2，所以(甲+乙+丙)÷8 的余数是 2。

第 6 周　提高卷

1. 2　【思路导航】先研究前 n 个数除以 3 的余数，可见按从第四个数起"0，2，2，1，0，1，1，2" 的顺序不断重复出现，8 个数为一个周期，所以(2003-3)÷8=250，余数为一个周期内最后一个数 2。

2. 5……商的第 200 位　2……商的个位

【思路导航】先用竖式来除一除，发现商是按"2，5，6，4，1，0"的顺序不断重复出现，所以商的第 200 位为 200÷6=33……2，这个数字是 5。而被除数从左边起第二个 3 开始，每 6 个 3 组成的数除以 13 商 256410，1994 位数中有(1994-1)÷6=332……1，余数是 1，商的个位是 2。

3. 4　【思路导航】先列几个 2 的积，发现是按"2，4，8，6"的顺序不断重复出现的，而几个 4 相乘，是按"4，6"的顺序不断重复出现，96 个 1.2 相乘，小数位数有 96 位，100 个 0.4 相乘，小数位数是 100 位，最后一位是 6，而在被减数第 96 位后添 4 个 0，用 10--6=4，故差的尾数是 4。

4. 6　【思路导航】"1×9×9×4"的尾数是 4，研究 n 个 4 相乘的积可见是"4，6"的顺序不断重复出现的，1994÷2=997，刚好整除，所以积的尾数是 6。

5. 7 号　【思路导航】从 3 号格子开始，顺时针每走 8 个格子又回到 3 号格子，245÷8=30……5，余数为 5，从 3 开始顺时针走 5 个格子到 8 号，再退一个格子，到 7 号格子上。

6. 3　【思路导航】这个和的个位数只取决于 1+1×2+1×2×3+1×2×3×4 的个位数，因为从 1×2×3×4×5 开始，每项的个位数都是 0，而 1+1×2+1×2×3+1×2×3×4=33，所以这个式子和的个位数字是 3。

第 7 周　一般应用题(一)(基础卷)

1. 40×5÷10=20(天)　(40+10)×20=1000(个)

【思路导航】按原计划 5 天可以生产 40×5=200(个)，而每天多生产 10 个，200÷10=20(天)，20 天就可以多生产 200 个，所以实际只用 20 天就完成任务，共生产(40+10)×20=1000(个)。

2. 240÷[(240-48)÷24]=30(台)

【思路导航】当乙还有 48 台装好时，乙装了 240-48=192(台)，用时 192÷24=8(时)，而甲已完成任务，即甲用 8 小时就安装 240 台电脑，每小时装 240÷8=30(台)。

3. 1.8-1.8×30÷(30+6)=0.3(吨)

【思路导航】一堆煤共有 1.8×30=54(吨)，能烧 30+6=36(天)，每天烧 54÷36=1.5(吨)，每天比原来少烧 1.8-1.5=0.3(吨)。

4. (30-10)÷(30-25)=4(张)

4×25-10=90(张)

【思路导航】剩余 30 张纸，又用 10 张纸，还剩 30-10=20(张)，这 20 张要按计划 30-25=5(天)用完，每天用 20÷5=4(张)，按这样的计划25天共用4×25=100(张)，除练习册外还有10张纸，所以练习册是100-10=90(张)。

5. 51÷(80÷4÷5+36÷8)=6(次)

【思路导航】每辆大卡车每次运煤 80÷5÷4=4(吨)，每辆小卡车每次运煤36÷8÷3=1.5(吨)，1 辆大卡车和 3 辆小卡车每次运煤 4+1.5×3=8.5(吨)，运 51 吨煤共需 51÷8.5=6(次)。

6. 18-15×4×18÷(15+3)÷(4+1)=6(天)

【思路导航】工作总量为 15×4×18=1080，提速后，15+3=18（人）完成，每天工作 4+1=5（时），则需要 1080÷18÷5=12（天）完成，提前的天数为 18-12=6（天）。

第7周　提高卷

1. (100-2)÷(6+8)×6=42（棵）……杉树
100-42=58（棵）……杨树
【思路导航】每组有杉树和杨树共 6+8=14（棵），100棵可分为这样的 100÷14=7（组）……2（棵），杉树：6×7=42（棵），杨树：100-42=58（棵）。
2. 100×(20÷2)÷(20-5-20÷2)=200（个）
200×(20-5)=3000（个）……乙
3000×2=6000（个）……甲
【思路导航】20 天后，甲加工的是乙加工的两倍，可知甲加工 10 天的零件与乙生产 15 天的零件个数相同，甲每天多加工 100 个，则 10 天多加工 100×10=1000（个），相当于乙 15-10=5（天）加工的，1000÷5=200（个）。乙：200×15=3000（个），甲：3000×2=6000（个）。
3. (3000-500)÷(3000-1000)=1.25
1000-500÷1.25=600（m）
【思路导航】狗跑了 3000-500=2500（m）时，兔跑了 3000-1000=2000（m），狗和兔的速度之比，狗是兔的 2500÷2000=1.25（倍），当狗到达终点时，狗跑了 500 m，而相同时间内兔子跑了 500÷1.25=400（m），距终点 1000-400=600（m）。
4. 60÷3=20（秒）　　20-10÷5=18（秒）
18×100÷20=90（道）
【思路导航】李明一分钟做 3 道题，则每道题用 60÷3=20（秒），张强做 5 道题用 20×5-10=90（秒），张强做一题用 90÷5=18（秒），李明是张强速度的 18÷20=0.9（倍），则张强做完 100 题时，李明做 100×0.9=90（道）。
5. (600+120+120)÷2=420（本）……乙
[420×(3-2)+120]÷3=180（本）……甲
【思路导航】前 3 小时甲比乙多做 120 本，后3 小时后，乙比甲多装 600 本，则经过 3小时，乙比甲多 120+600=720（本），乙比甲每小时多装 720÷3=240（本），前 3 小时甲比乙多 120 本，则前两小时甲共生产 240+120=360（本），甲每小时生产 360÷2=180（本）。
6. 108+7×10-2×(27+7)=110（元）
110÷(10+5-2×2)=10（张）……伍元
10-7=3（张）……拾元
27-10-3=14（张）……贰元
【思路导航】根据面值 10，5，2 共 108 元可判断伍元的张数为偶数张，且大于 7 张。贰元的为 14 张，伍元的有 10 张，拾元的有 3 张，三种面值的车票共 108 元。

第8周　一般应用题(二)(基础卷)

1. 1.5×2÷(7.5×2÷3)=0.6（元）
【思路导航】甲和丙比乙多拿的应该三个人平均分，则(7.5×2)÷3=5（千克），如果平均分的话，乙少拿了 5 千克，而甲和丙各给乙 1.5 元钱，1.5×2=3（元）相当于 5 千克西瓜的钱，每千克西瓜 3÷5=0.6（元）。
2. 1.2×8÷(14-8)=1.6（元）……大豆
1.6+1.2=2.8（元）……花生
【思路导航】每千克花生比每千克大豆贵1.2 元，8 千克花生贵 1.2×8=9.6（元）相当于14-8=6（千克）大豆的价钱，所以大豆的单价为 9.6÷6=1.6（元），花生的单价为 1.6+1.2=2.8（元）。
3. (10×3+20×4)÷(4-3)=110（cm）……树的周长　110×3+3×10=360（cm）……绳长
【思路导航】绳子三折后绕树余 10 cm，说明绳子比 3 倍树的周长还多 10×3=30（cm），比树周长的 4 倍还少 4×20=80（cm），所以树的周长是 30+80=110（cm），而绳长 110×3+30=360（cm）。
4. (32+40+26)÷2=49（人）　49-40=9（人）
【思路导航】这个班共订报纸 32+40+26=98（份），因为每人都订了两份不同的报纸，所以这个班共 98÷2=49(人),在这 49 人中,有 40 人订了《作文报》,剩下的 9 人一定同时订《数学报》和《英语报》。

5. 13+9+12-2-2-26=4(人)

【思路导航】13-2=11(人),12-2=10(人),26-9=17(人),11+10-17=4(人),或 13+9+12-26-2-2=4(人)。

6. 30×10÷(15-10)=60(个)　60×15=900(个)

【思路导航】由于实际每天多生产 30 个,10 天就比原计划多生产 30×10=300(个),结果只用 10 天完成了任务,提前了 15-10=5(天),多生产 300 个零件相当于原计划 5 天生产的,则原计划每天生产 300÷5=60(个),这批零件有 60×15=900(个)。

第 8 周　提高卷

1. (31+26+29)÷2=43(幅)

43-29=14(幅)……高年级

43-31=12(幅)……低年级

【思路导航】除低年级外的共有 31 幅,除中年级外的共有 26 幅,再加上低、中年级的,则整个低、中、高共被计算了两次,则低+中+高:(31+26+29)÷2=43(幅),高年级:43-29=14(幅),低年级:26-14=12 或 43-31=12(幅)。

2. (8+5+5)÷3=6(个)……丙少拿的

7.2÷6×(6-5)=1.2(元)……甲给乙的钱

【思路导航】三人付同样多的钱买乒乓球应该分得同样多的乒乓球,(8+5+5)÷3=6(个),也就是丙少拿6个,每个7.2÷6=1.2(元),甲多拿了乙的1个,还应付给乙1.2元。

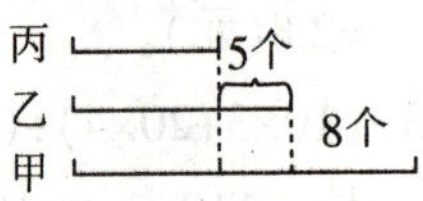

3. 252÷(4+9÷3)=36(元)……桌子

36÷3=12(元)……椅子

【思路导航】1 张桌子和 3 把椅子的价钱相等,那 9 把椅子的价钱相当于 3 张桌子的钱,那一张桌子的单价是 252÷(4+3)=36(元),椅子的单价是 36÷3=12(元)。

4. (0.24×500-115.5)÷(0.24+1.26)=3(只)

【思路导航】500 只花瓶安全运达的话可收入 0.24×500=120(元),而打破一只要损失 0.24+1.26=1.5(元),搬运站实际获利 115.5 元,没有收入 120 元,说明打破了,共破 (120-115.5)÷1.5=3(只)。

5. (84-20)÷2÷8=4(次)

【思路导航】两袋同样多的话,每袋要(84+20)÷2=52(颗),一次取 8 颗,要取(84-52)÷8=4(次)。

6. (10-5)÷(5-4)+1=6(天)

【思路导航】每天向上爬 5 m,向下滑 4 m,实际只能爬 1 m,所以 5 天五夜只爬了 5 m,第 6 天,爬 5 m 到树顶了,所以第 6 天就爬到树顶了。

第 9 周　一般应用题(三)(基础卷)

1. (55+50+45)÷2=75(元)

75-55=20(元)……橘子

75-50=25(元)……苹果

75-45=30(元)……梨

【思路导航】①苹果+梨=55　②梨+橘子=50　③苹果+橘子=45

①+②+③,得 2(苹果+梨+橘子)=150,所以苹果+梨+橘子=75　④

④-①得橘子每箱价钱 75-55=20(元)

④-②得苹果每箱价钱 75-50=25(元)

④-③得梨每箱价钱 75-45=30(元)。

2. (1425-809)÷2=308(元)……鞋

(1425-308-703)÷2=207(元)……领带

207+703=910(元)……西服

【思路导航】(西服+领带)-鞋=809(元),则西服+领带+鞋=鞋+鞋+809=1425(元),则鞋的单价为(1425-809)÷2=308(元),则领带的单价为(1425-308-703)÷2=207(元),西服的单价为 207+703=910(元)。

3. (1020-700-100)÷(2-1)=220(m)……乙车

间　700-220=480(m)……甲车间

【思路导航】现在甲乙共织 1020 m,比原计划多织 1020-700=320(m),其中甲多织 100 m,则乙多织 320-100=220(m),即乙的日产量(原计划),而甲的原计划为每天织布 700-220=480(m)。

4. 5×4×4=80(cm)　【思路导航】边长为 5 cm 的正方形周长为 4×5=20(cm),是铁丝原长的四分之一,则原长为 20×4=80(cm)。

5. (610+10×2)÷(3+2×2)=90(个)

90×3+10×2=290(个)

【思路导航】假设乙和甲做的一样多,则甲、乙共加工 610+10×2=630(个)看做甲一人共加工 3+2+2=7(分),则甲每分钟可加工 630÷7=90(个),甲比乙多加工的为 90×3+10×2=290(个)。

6. 20×6÷(8-6)=60(人)　　60+20=80(人)

720÷60=12(辆)……面包车

720÷80=9(辆)……大客车

【思路导航】一辆客车比一辆面包车多载 20 人,6 辆客车多载 20×6=120(人),相等于 2 辆面包车载的人数,则一辆面包车可载人 120÷2=60(人),一辆客车可载人 60+20=80(人),都乘面包车需 720÷60=12(辆),都乘客车需 720÷80=9(辆)。

第 9 周　提高卷

1. (60×3-20)÷(160÷2)÷(3-1)=1(分)……乙

1×3=3(分)……甲

【思路导航】甲乙两车间平分 160 个零件,每个车间分得 160÷2=80(个),乙比甲少用 60×3-20=160(分),乙的工作效率是甲的 3 倍,乙的时间是甲的$\frac{1}{3}$,甲工作:160÷$(1-\frac{1}{3})$=240(分),甲生产一个零件需要 240÷80=3(分),乙生产 1 个零件需 3÷3=1(分)。

2. 50×2÷(3-1)=50(次)

50×(1+3)+50=250(个)

【思路导航】分析可知,白球比红球多 50个,若每次拿出 1 个红球和 3 个白球,则剩下 50 个红球,即白球比红球少了 50 个,这是因为白球每次比红球多拿 3-1=2(个),共拿了(50×2)÷2=50(次),所以红球有 50×1+50=100(个),白球有 3×50=150(个),共有 100+150=250(个)。

3. 3×[(3×100-100)÷(3×3-1)]=75(人)……生

100-75=25(人)……师

【思路导航】假设 100 人全是老师,植树应 100×3=300(棵),而实际植树 100 棵,少植树 300-100=200(棵),是因为老师每人比学生每人多值 $3-\frac{1}{3}=\frac{8}{3}$(棵),所以学生共有 $200÷\frac{8}{3}$=75(人),老师有 100-75=25(人)。

4. (264+3×8+3×4)÷(8×2+4)=15(个)

【思路导航】徒弟每小时比师傅少做 3 个,12 个小时就少做 3×12=36(个),假设师徒每小时做的零件一样多,则共 264+36=300(个),师徒共做了 4+8+8=20(时),师傅每小时做 300÷20=15(个)。

5. (12+16+20)÷2=24(人)

【思路导航】其他年级+六年级=16①　其他年级+五年级=12②　五+六=20③

将①②③相加得2(其他+五+六)=16+20+12,所以该校获奖人数为(20+16+12)÷2=24(人)。

6. (60-10)÷(60-20)=1.25

20-10÷1.25=12(m)

【思路导航】甲到终点时,乙行 60-10=50(m),丙行 60-20=40(m),乙速是丙速的 50÷40=1.25,当乙达终点时,丙行 60÷1.25=48(m),落后乙 60-48=12(m)。

第 10 周　数　阵(基础卷)

1. (答案不唯一)

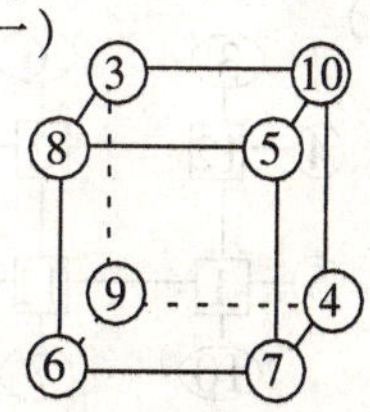

2.(答案不唯一)

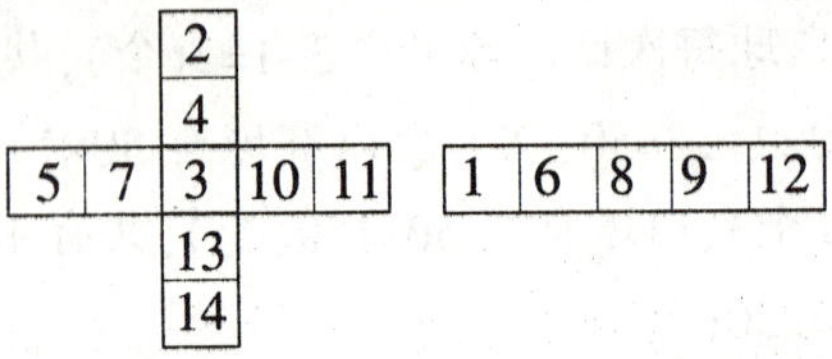

3.

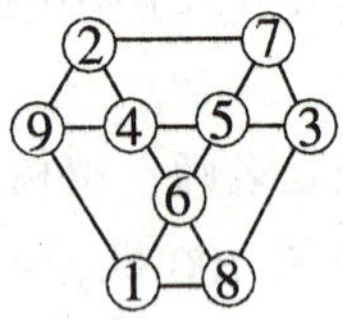

4.(答案不唯一)

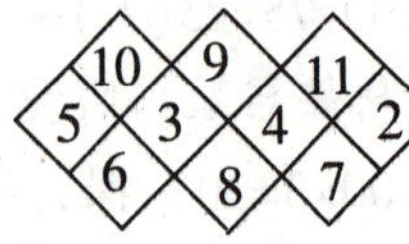

5.

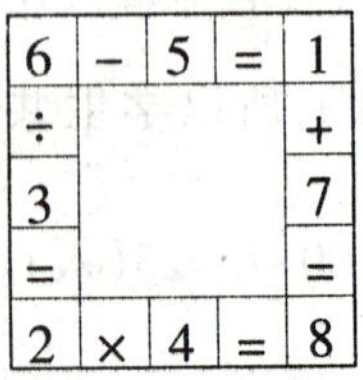

6.(答案不唯一)

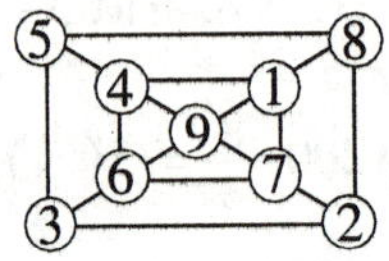

第 10 周 提高卷

1.

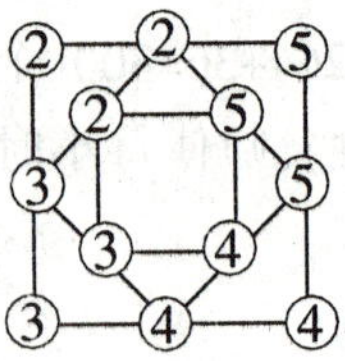

7~14

2.(答案不唯一)

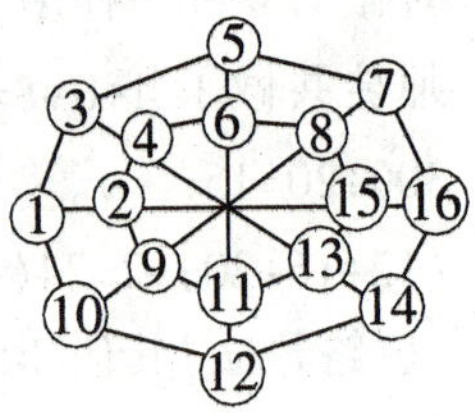

3.

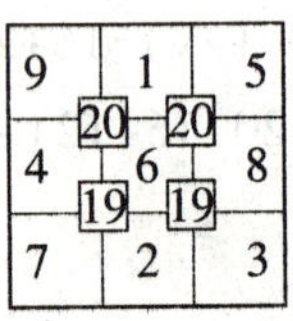

4.

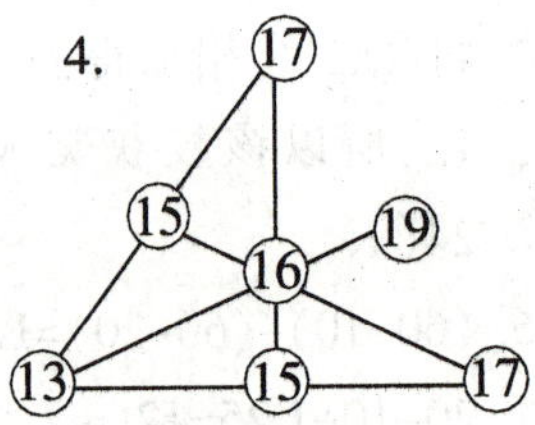

$A=19$

5.(答案不唯一)

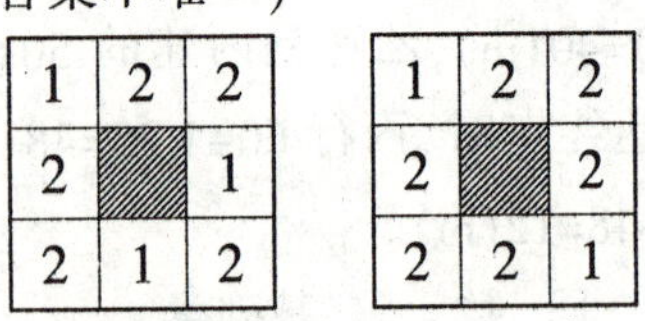

6.(答案不唯一)

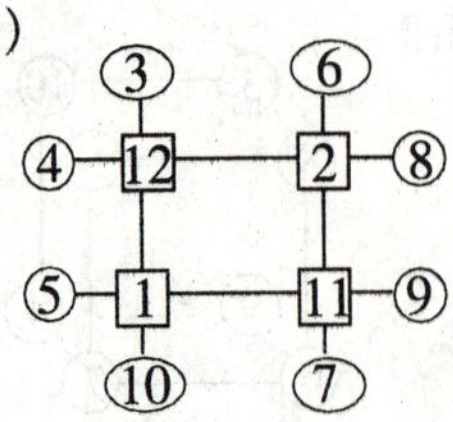

期中测试(一)

1. 480 吨 【思路导航】原计划每天用 12 吨，则 8 天可用 12×8=96(吨)，而实际每天比计划多用 3 吨，则实际少用 8 天，实际用 96÷3=32(天)，原计划用 32+8=40(天)，这批钢材有 12×40=480(吨)。

2. 14个、19个、21个、24个、28个
【思路导航】从小到大编号①②③④⑤，较小的 3 堆共 18×3=54(个)，较大的两堆共 26×2=52(个)，(52−4)÷2=24(个)④，24+4=28(个)⑤，21×2−28=14(个)①，14+5=19(个)②，54−14−19=21(个)③。

3. 2520 个 【思路导航】原计划每天加工 50 个零件，3 天加工 50×3=150(个)，实际比计划多加工 120 个，则实际加工的天数为(150+120)÷6=45(天)，实际加工的零件个数为(50+6)×45=2520(个)。

4. 84 下 【思路导航】甲组人共跳的次数+乙组人共跳的次数=(甲、乙组平均数)×(甲、乙组的人数)列方程解答。
解：设乙组平均每人跳 x 下，则 $25\times80+20x=(x-5)\times(25+20)$ 得 $x=89$ 89−5=84（下），两组同学平均每人跳 84 下。

5. 甲：50 个；乙：70 个；丙：30 个；丁：120 个
【思路导航】把四个人相等时的个数视做“1”，则甲为“1”−10，乙为“1”+10，而丙为“1”除以 2，丁为“2”，四个人的和为 270，则 $270\div(1+1+\frac{1}{2}+2)=60$（个），由此依次可得甲、乙、丙、丁实际做的个数。甲 50 个、乙 70 个、丙 30 个、丁 120 个。

6. 甲队：35 m；乙队：65 m
【思路导航】设原计划甲队每天挖 x m，则乙队每天挖 $(100-x)$m，
$x-15+(100-x)\times2=150$ 得 $x=35$(m)
100−35=65(m)
原计划甲每天挖 35 m，乙每天挖 65 m。

7. 3 【思路导航】步行每小时行 5 km，则步行每千米用 $\frac{1}{5}$ 小时，即 60÷5=12(分)，而骑自

行车比步行少用 8 分钟，骑车用 $12-8=4$(分)，步行花的时间是骑车的 $12\div4=3$(倍)，则骑车的速度是步行的 3 倍。

8. 120 个 【思路导航】甲比乙提前 5 小时完成，说明甲完成时乙还有 $8\times5=40$(个)未生产，即甲比乙多生产 40 个，甲每小时比乙每小时多生产 $12-8=4$(个)，则甲生产了 $40\div4=10$(时)，共生产零件 $12\times10=120$(个)。

9. 60 天 【思路导航】实际比计划少用一半时间，说明实际生产效率是计划的 2 倍，而实际比计划多生产 3 台，则实际的生产效率是每天生产 $3\times2=6$(台)，实际用的天数为 $360\div6=60$(天)。

10. 科技书：30 本；文艺书：70 本

【思路导航】借出 5 本科技书后，科技书的4倍为文艺书，是开始时文艺书数再加 30 本，可列等式关系式为 4(科−5)=2 科+10+30　2 科=10+30+20　科=30(本)，文艺书有 $30\times2+10=70$(本)。

11. 红球：113 个；白球：37 个

【思路导航】开始时，3×白球+2=红球，后来取出 7 个白球，放进 7 个红球，则红球刚好是白球的 4 倍，所以 3×白球+2+7=4(白球−7)　白球=37(个)，红球=$37\times3+2=113$(个)。

12. 93 m 【思路导航】设 8 m 长的有 x 段，则 5 m 长的有 $(15-x)$ 段，由题意得 $8x-5(15-x)=3$，得 $x=6$(段)，$15-6=9$(段)，则 8 m 长的有6 段，铁丝的总长度为 $8\times6+8\times6-3=93$(m)。

13. 1500 m 【思路导航】设已修的长度为 x m，则未修的长为 $4x$ m

$(x+200)\times2=4x-200$　得 $x=300$(m)

这条公路全长是已修的(4+1)倍，则全长为 $300\times5=1500$(m)。

14. 8 元 【思路导航】设原来每米 a 元，买了 x m

$ax=(a-1)\times(x+2)$

得 $2(a-1)=x$　又 $ax=112$

即 $2(a-1)a=112$　$a=8$(元)

原来每米 8 元。

第 11 周　周期问题(基础卷)

1. $158\div(5+4+3)=13$(组)……2(个)

第 158 个是红珠　$180\div(5+4+3)=15$(组)

$15\times3=45$(个)……黑珠

【思路导航】根据题意知，这些珠按 5 红、4 白、3 黑的顺序排列 $5+4+3=12$(个)为一个周期，$158\div12=13$(组)……2，即经过 13 个周期还余下 2 个，是红色的。

黑珠共有：$180\div12\times3=45$(个)。

2. $(365+366)\div7=104$(周)……3(天)

$6+3=9$　(星期二)

【思路导航】2012 年是闰年，全年 366 天，2011 年是平年，全年 365 天，七天一个周期 $365+366=731$(天)中共有 $731\div7=104$(周)……3(天)，104 个周期，还余 3 天，从周六开始后数 3 天，是星期二。

3. 1 【思路导航】先列竖式除一除，每 3 个 1 组成的数除以 6，每次除得的余数分别为 1，5，3。可以把这 1111 个 1 组成的数划为 3 个 1 一组，共组成 $1111\div3=370$(组)……1，这个多下来的 1 除以 6 后，余数是 1。

4. 绿色 【思路导航】两盏白灯之间有红、黄、绿灯各一盏，则白、红、黄、绿 4 盏灯为一个周期，$80\div4=20$(组)，共有 20 个周期，所以第 80 盏灯是绿色的。

5. 原式 $=6\times(111\times1010101)-6\times(1010101\times111)=0$

6. 2 【思路导航】每 3 个数字为一个周期，则 7，4，？为一个周期内的三个数，和为 13，则？$=13-4-7=2$。

第 11 周　提高卷

1. D 列 【思路导航】由图观察可知，单数行四个数字排列的顺序依次为 A、B、C、D，而双数行则为 E、D、C、B。4 个数字排在一行，758 个数字共可排 $758\div4=189$(组)……2，余数为 2，则排在 190 行的第二个位置，即双数行的第二个为 D。

2. 2 【思路导航】11×18 积的个位数是 8，先看几个 8 相乘积的尾数的情况，是按 8，4，2，6 这样的顺序不断重复出现的，周期为 4，则 115÷4=28（组）……3，有 28 个这样的周期还余 3 个数，尾数是 2。

3. 鼠年 【思路导航】2004 年到 2104 年经历了 100 年，这 100 年按 12 年一个周期，共有 100÷12=8（轮）……4（年），8 个周期余四年，从猴年开始往后依次数 4 年为鼠年。

4. B 【思路导航】由奇数表示为 $2n-1$ 可知 2003 是第（2003+1）÷2=1002（个）奇数，八个一周期分别排在 A、B、C、D、D、C、B、A 下；则第 1002 个奇数 1002÷8=125……2，排 125 个周期余 2 个，即 B 下面。

5. 82÷5=16……2（们） 82÷4=20……2（B）

【思路导航】汉字"我们爱数学"5 个为一个周期，字母 A、B、C、D 四个为一周期，所以 82÷5=16（组）……2（们） 82÷4=20（组）……2（B）。

6. （1）B （2）2+4×（56−1）=222

【思路导航】（1）自然数 1，2，3……按周期 4 分布在四条直线上 106÷4=26（组）……2，106 写在直线 B 上。（2）直线 B 上的数是等差数列，首项是 2，公差是 4，第 56 项为（56−1）×4+2=222。

第 12 周 盈亏问题（基础卷）

1. （24−3）÷（8−5）=7（人） 7×5+24=59（本）

【思路导航】比较两次发练习本的情况，结果相差 24−3=21（本），为什么会多 21 本呢？是因为每人少分了 8−5=3（本），所以 21÷3=7（人）就是三好学生的人数。练习本共有 5×7+24=59（本）。

2. （17−5）÷（6−4）=6（个） 6×4−5=19（棵）

【思路导航】比较两次种树的情况，结果相差 17−5=12，为什么少 12 棵呢？因为每人多种 6−4=2（棵），所以 12÷2=6（人），树苗共 4×6−5=19（棵）。

3. （120×2+100）÷（120−100）=17（节）

17×100+100=1800（吨）

【思路导航】（注：思路与答案不同）比较两次，差 3 节车厢，而运粮食也差 100+120×2=340（吨），而第二种情况比第一种每节车厢多运 120−100=20（吨），所以共有车厢 340÷20=17（节），共有粮食 100×17+100=1800（吨）。

4. （60+45+35）÷（3−1）=70（吨）……大米

70+105=175（吨）……面粉

【思路导航】由题意可知面粉比大米多 45+60=105（吨），而面粉再增加 35 吨，即比大米多 105+35=140（吨），面粉比大米多 3−1=2（倍），大米有 140÷2=70（吨），面粉有 70+105=175（吨）。

5. 4 元 126 元 【思路导航】从题意可知，大米的单价和妈妈带的钱数是不变的。摘录条件如下：

25 千克大米　　多 26 元

30 千克大米　　多 6 元

两种购买方法都有剩余，第二种比第一种多用（26−6）元，这是由于第二种方法比第一种方法多买（30−25）千克造成的。

大米的单价：（26−6）÷（30−25）=4（元）

所带的钱数：4×25+26=126（元）

6. 15 只 120 个 【思路导航】此题猴子的只数和桃子的个数是不变的。每只 10 个，3 只猴没有分到，实际就少（3×10）个桃子；每只 8 个，刚好分完，就是不多不少，也可说多 0 个。

每只 10 个　　少（3×10）个

每只 8 个　　多 0 个

两种分配方法结果相差（3×10）个，这是由于每只相差（10−8）个造成的。

猴的只数：(3×10)÷(10−8)=15(只)

桃子的个数：10×(15−3)=120(个)

第 12 周　提高卷

1. (6×2−3×1)÷(3−2)=9(m)……桥高

(9+6)×2=30(m)……绳长

【思路导航】对折后余 6 m，说明绳长比两倍桥高长 6×2=12(m)，而三折余 1 m，说明绳长比三倍桥高长 1×3=3(m)。两次差 12−3=9(m)，刚好为桥高。绳长为(9+6)×2=30(m)。

2. 9+(5−3)×2=13(个)　(6−3)×4−10=2(个)

(13+2)÷(6−3)=5(只)……猴子

2×5+(5−2)×3+9=28(个)……桃子

【思路导航】(注：思路与答案不同)设猴子有 x 只，则 $5\times2+(x-2)\times3+9=3\times4+(x-4)\times6+10$

$x=5$

5×2+3×(5−2)+9=28(个)

猴子 5 只，桃子有 28 个。

3. (14×4+34)÷(14−12)=45(间)

45×12+34=574(个)

【思路导航】两次安排相比，第二次比第一次可以多安排 34+14×4=90(人)，这是因为每间宿舍多安排了 14−12=2(人)，共有宿舍 90÷2=45(间)，共有学生12×45+34=574(个)。

4. (6+2×2)÷(7−2×3)=10(人)

7×10−6=64(个)……苹果

3×10+2=32(个)……梨

【思路导航】假设梨的个数和苹果一样多，则梨每人分 6 个，余 4 个，而苹果每人分 7 个少 6 个，两者差 4+6=10(个)，是因为每人分得的苹果比梨多 1 个，共有：10÷1=10(人)。梨 10×3+2=32(个)，苹果 32×2=64(个)。

5. (99−33)÷2=33(户)　5+99÷33=8(件)

【思路导航】两次比较可知，寒衣相差 99−33=66(件)，剩余的寒衣少了 66 件，这是因为每户增加 2 件，所以，共 66÷2=33(户)，共有寒衣 5×33+99=264(件)，每户应分 264÷33=8(件)，可以不余。

6. 48 名　【思路导航】每条船坐 6 人，就要增加一条船，如不增加，也就是多出了 6 个同学；每条船坐 8 人，就能减少一条船，如不减少，就少 8 人。两种方法差(6+8)人，这是由于每条船差(8−6)人造成的。(8+6)÷(8−6)=7(条)，6×(7+1)=48(名)。

第 13 周　长方体和正方体(一)(基础卷)

1. 表面积：$8\times8\times6=384(cm^2)$

体积：$8\times8\times8-2.5\times2.5\times4=487(cm^3)$

【思路导航】剩下图形的体积用大正方体减小长方体可得。表面积没变。$V_{剩}=8^3-2.5\times2.5\times4=487(cm^3)$，$S_{剩}=8\times8\times6=384(cm^2)$。

2. $(48\div2+99\div3+352\div4)\times2=290(cm^2)$

【思路导航】设长、宽、高分别为 a、b、c，则 $b\times c=48\div2=24$　$a\times c=99\div3=33$　$a\times b=352\div4=88$

$S=2\times(ab+bc+ac)=2\times(24+33+88)=290(cm^2)$。

3. 表面积：$8\times12\times2+6\times8\times2+(12\times6-2\times3)\times2+2\times8\times2=452(cm^2)$

体积：$12\times8\times6-2\times3\times8=528(cm^3)$

【思路导航】表面积增加了左右两个大长方形的面积，减少了前后两个小长方形的面积：

$S=(6\times12+8\times6+12\times8)\times2-2\times3\times2+2\times8\times2$
$=452(cm^2)$

体积=大长方体体积−小长方体体积

$V=8\times12\times6-2\times3\times8=528(cm^3)$

4. 80÷4÷4=5(cm)　$5\times5\times5=125(cm^3)$

【思路导航】可知增加的面积刚好是正方体的侧面周长与 4 的积，则 80÷4=20(cm)……正方形的周长，边长为 20÷4=5(cm)，$V=5\times5\times5=125(cm^3)$。

5. 48÷4÷(1+2+2×1.5)=2(cm)

$2\times(2\times2)\times(2\times2\times1.5)=48(cm^3)$

【思路导航】棱长和为 48 cm，长+宽+高=48÷4=12(cm)，设宽为 1，则长为 1.5，高为 0.5，

则宽为 $12\div(1+1.5+0.5)=4(\text{cm})$，$V=(4\times1.5)\times4\times(4\times0.5)=48(\text{cm}^3)$。

6. $96\div6=16(\text{cm}^2)$　$16=4\times4$　$8=2\times2\times2$　$4\div2=2(\text{cm})$　$2\times2\times6=24(\text{cm}^2)$

【思路导航】由表面积为 96 cm^2 可知正方形面积为 $96\div6=16(\text{cm}^2)$，$16=4\times4$，边长为 4 cm，平分后分成 8 个体积相等的正方体，$4\div2=2(\text{cm})$为小木块的边长。则小木块表面积是 $2\times2\times6=24(\text{cm}^2)$。

第 13 周　提高卷

1. 体积：$1\times1\times1\times(3+6+9)=18(\text{cm}^3)$

表面积：$3\times3\times4+2\times3\times2=48(\text{cm}^2)$

【思路导航】先求它的体积，观察可知该图形是由 18 个小正方体堆成的。表面积：朝上的三个面的面积和等于底面积，朝前的三个面的面积和等于朝后的面的面积，都是 9 个小正方形的面积和，左右都是 6 个小正方形拼成的图形。

体积：$1\times1\times1\times3\times6=18(\text{cm}^3)$

表面积：$1\times1\times9\times4+1^2\times6\times2=48(\text{cm}^2)$

2. ①$156=13\times12$　$12=5+7$　$5\times7\times13=455(\text{cm}^3)$

②$156=2\times78$　$78=5+73$　$2\times5\times73=730(\text{cm}^3)$

③$156=3\times52$　$52=5+47$　$3\times5\times47=705(\text{cm}^3)$

【思路导航】如图所示，设同一顶点发出的 3 条棱长分别为 a、b、c，则由题意得：

$a\times b+a\times c=156$

整理得：$a\times(b+c)=156$

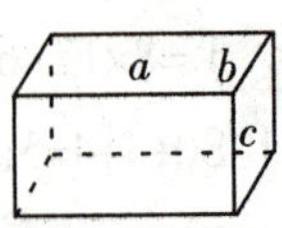

将 156 分解质因数：

$156=2\times78=13\times12=3\times52$

其中 $78=11+67$　$12=5+7$　$52=47+5$（拆分，其他答案符合条件也可）

所以长方形的棱长为 2，11，67；5，7，13 或 3，5，47。长方体的体积 $V=2\times11\times67=1474(\text{cm}^3)$ 或 $5\times7\times13=455\text{cm}^3$ 或 $3\times5\times47=705(\text{cm}^3)$。

3. $4-25\times4\div(25+15)=1.5(\text{m})$

【思路导航】A 处比 B 处高 4 m，A 处比 B 处的土多 $25\times4=100(\text{m}^3)$，将这些土推向 B 处，使 A、B 处同样高，则将 100 m^3 的土平均铺在 $15+25=40(\text{m}^2)$的土地上，高为 $100\div40=2.5(\text{m})$，A 处下降了 $4-2.5=1.5(\text{m})$。

4. $(9\times7\times3+5\times5\times5)\div20=15.7(\text{cm})$

【思路导航】 新铸成的长方体铁块的体积是原长方体铁块和正方体铁块的体积和，为 $(9\times7\times3+5^3)\text{cm}^3$，则新长方体的高$=\frac{V}{S}$，$(9\times7\times3+5^3)\div20=15.7(\text{cm})$。

5.

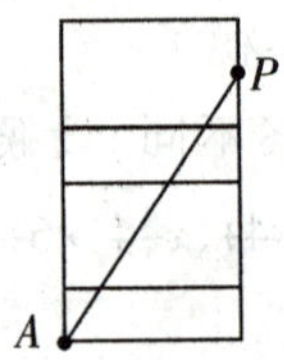

【思路导航】将前、上、后、底四个面展开，连接 AP，即为最短的爬行路线。

6. $546\div2.8\div(21.2-2.8\times2)=12.5(\text{dm})$

$(12.5+2.8\times2)\times21.2=383.72(\text{dm}^2)$

【思路导航】先求铁皮盒的底面积 $546\div2.8=195(\text{dm}^2)$

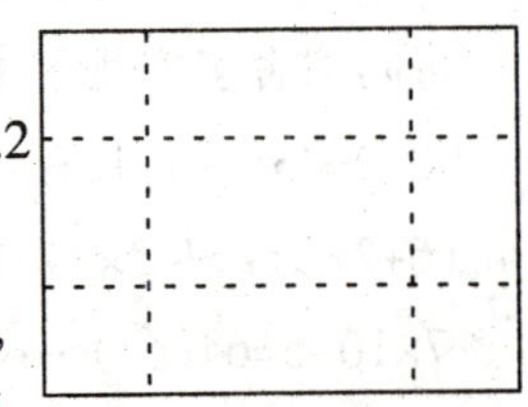

铁皮盒的宽 $195\div(21.2-2.8\times2)=12.5(\text{dm})$

铁皮的宽 $12.5+2.8\times2$，

原长方形铁皮的面积

$21.2\times(12.5+2.8\times2)=383.72(\text{dm}^2)$。

第 14 周　长方体和正方体(二)(基础卷)

1. $(3\times2)\times(3\times2)\times6=216(\text{cm}^2)$

【思路导航】8 块小正方体的体积之和为 $3\times3\times3\times8=216(\text{cm}^3)$，即为铸成的大正方体的体积，由 $216=6\times6\times6$ 可知大正方体的棱长为 6 cm，其表面积为 $6\times6\times6=216(\text{cm}^2)$。

2. $27\times8\div12=18(\text{cm})$

【思路导航】 溢出的水的体积等于长方体铁块的体积即 $8\times27=216(\text{cm}^3)$，倒入底面积为

12 cm^2 的容器中，水高为 216÷12=18(cm)。

3. $8\times2\times4=64(dm^3)$　$64=4\times4\times4$

棱长是 4 dm

【思路导航】正方体的体积等于原长方体的体积 $V=8\times2\times4=64(dm^3)$，由 $64=4\times4\times4$ 知正方体的棱长为 4 dm。

4. $6\times6\times6\div0.9=240(cm^2)$

【思路导航】正方体浸入水中排开水的体积等于正方体的体积 $V=6\times6\times6=216(cm^3)$，而水面下降 0.9 cm，则容器的底面积 $S=216\div0.9=240(cm^2)$。

5. $6\times4\times1.5=36(dm^3)$

【思路导航】排开水的体积等于石头的体积，排开的水高 1.5 dm，底面积为长方形容器的底面积 $6\times4=24(dm^2)$，则体积为 $6\times4\times1.5=36(dm^3)$。

6. $24\div6=4(cm^2)$　$4=2\times2$

$54\div6=9(cm^2)$　$9=3\times3$

$294\div6=49(cm^2)$　$49=7\times7$

$(2\times2\times2+3\times3\times3+7\times7\times7)\div63=6(cm)$

【思路导航】由表面积可得正方体的一个面的面积，从而可知棱长和体积，三个正方体的体积之和为大长方体的体积，大长方体的长为其体积除以横截面积。$24\div6=4(cm^2)$ $54\div6=9(cm^2)$ $294\div6=49(cm^2)$ $(2^3+3^3+7^3)\div63=6(cm)$。

第 14 周　提高卷

1. $16+15\times15\times16\div(60\times60-15\times15)\approx17.07(cm)$

【思路导航】铁块上提，排开水的体积为 $15\times15\times16=3600(cm^3)$，容器中水面下降的高度为 $3600\div(60\times60-15\times15)\approx1.07(cm)$，加之铁块被上提 16 cm，则露出水面的铁块被水浸湿的部分长 $16+1.07=17.07(cm)$。

2. $(300\times300\times8+200\times200\times4)\div(500\times500)=3.52(cm)$

【思路导航】两堆碎石的体积为中、小水池上升的水的体积，即 $3\times3\times0.08+2\times2\times0.04=0.88(m^3)$，若沉入大水池，则水面上升 $0.88\div(5\times5)=0.0352(m)=3.53(cm)$。

3. $(4\times3\times2.5+6\times5\times6)\div(4\times3+6\times5)=5(dm)$

【思路导航】先确定两个水缸各有水多少立方分米，$4\times3\times2.5=30(dm^3)$，$6\times5\times6=180(dm^3)$，一共有 $30+180=210(dm^3)$，乙倒给甲一些后，两水缸的水高一样，则 $S_{甲}\cdot h+S_{乙}\cdot h=210(dm^3)$，水高 $h=210\div(S_{甲}+S_{乙})=210\div(4\times3+6\times5)=5(dm)$。

4. 5+1+4=10　【思路导航】3 的对面不能是 1，2，4，6，只能是 5。而 1 的对面不可能是 2，3，5，6，故只能是 4。所以左面的数字分别是 5，1，4。5+1+4=10

5. $110\div2=55(cm^2)$　$55=5\times11$

因为有一个正方形，所以 $55=(5+3+3)\times5$

$5\times5\times3=75(cm^3)$

【思路导航】长方体的三个不同面的面积之和为 $110\div2=55(cm^2)$，其中一个为正方形，因为 $S_{正}>1\ cm^2$，且棱长都是整数，不妨设正方形边长为 5 cm，则 $5^2+(5+5)\times$高$=55$，得 $h=3(cm)$，$V=5\times5\times3=75(cm^3)$。

6. $15\times2+6\times2+16\times2+2=76(dm^2)$

【思路导航】朝前的有小正方形 6×2+3 个，朝后的也一样；朝上的 6+5×2 个，朝下的也一样；朝右的 1+2+3+1 个，朝左的也一样。$1\times1\times(6\times2+3+6+5\times2+7)\times2=76(dm^2)$。

第 15 周　长方体和正方体(三)(基础卷)

1. $(9+8+10)\times2=54(cm^2)$

【思路导航】前面和后面有小正方形：10×2=20(个)，上面和下面有小正方形：9×2=18(个)，左面和右面有小正方形：8×2=16(个)，所以表面积：$20+18+16=54(cm^2)$。

2. $(6+4+2)\times4=48(dm)$　$48\div12=4(dm)$

表面积：$4\times4\times6=96(dm^2)$

体积：$4\times4\times4=64(dm^3)$

【思路导航】正方体的棱长 $(6+4+2)\div3=4(dm)$，所以，正方体的体积 $V=4\times4\times4=64(dm^3)$，表面积 $S=4\times4\times6=96(dm^2)$。

3. $1\times1\times6=6(m^2)$
$2\times(3+4+5)=24(m^2)$
$6+24=30(m^2)$
【思路导航】大正方体原来的表面积为 $1\times1\times6=6(m^2)$，每切一刀就增加两个面，一个面面积为 $1\times1=1(m^2)$，所以面积总和为：$6+24=30(m^2)$。

4. $64\div4=16(dm)$　$16=5+5+6$
$5\times5\times2+5\times6\times4=170(dm^2)$
【思路导航】由题意可知焊成的长方体的棱长之和为64，则长、宽、高之和为 $64\div4=16(dm)$，若三者乘积最大，则三者最接近，取长、宽、高为6，5，5 dm，则表面积为 $(5\times5+5\times6+5\times6)\times2=170(dm^2)$。

5. $96\div6=16(cm^2)$　$16=4\times4$
$(4\div2)\times(4\div2)\times6=24(cm^2)$
【思路导航】正方体表面积为 $96\ cm^2$，则一个面的面积为 $96\div6=16(cm^2)$，$16=4\times4$，则棱长为4 cm，把它锯成8个等体积的小正方体，小正方体的棱长为2 cm，表面积为 $S=2\times2\times6=24(cm^2)$。

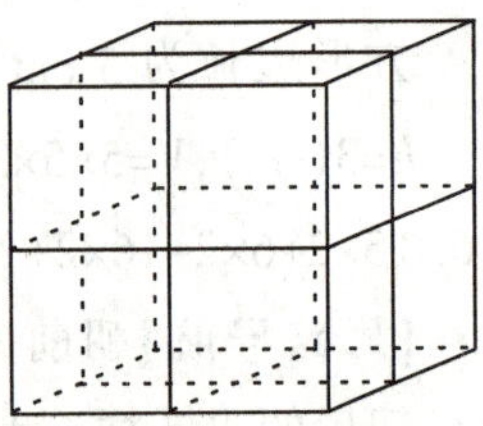

6. $96\div6=16$(个)　$16=4\times4$　$4\times12=48$(个)
【思路导航】已知一面涂色的小正方体共有96个，平均分布在大正方体的6个面上，每个面上有 $96\div6=16$(个)，排成小正方形，因为 $16=4\times4$，所以小正方形的边长为4，而大正方体的棱长还要加两个顶点处的小正方形，故棱长为 $4+2=6$。大正方体两面涂色的都在棱上但不包括顶点（因为顶点处那个小正方体是三面涂色的），所以共有 $(6-2)\times12=48$(个)两面涂色的小正方体。

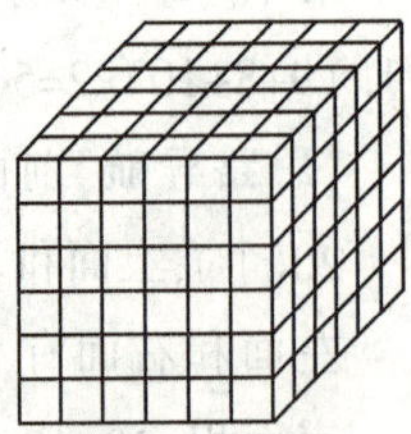

第15周　提高卷

1. 两面：17块　三面：10块
【思路导航】位于顶点位置的小正方体有三面被涂色，上面有6个顶点，下面有4个顶点。位于棱长的且不是顶点的小正方体有两面涂色。朝前的有6个，则朝后与朝前的个数相同；朝左（右）的有2个，中间还有一个朝上的。三面涂色的：$6+4=10$(块)，两面涂色的：$6\times2+2\times2+1=17$(块)。

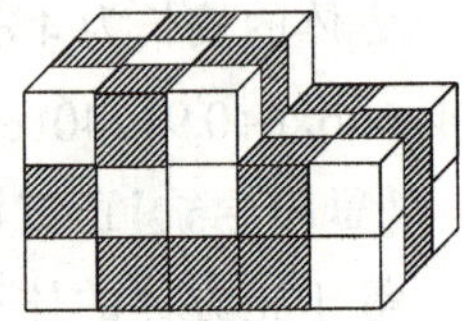

2. $(7\times9\times11-5\times7\times9)+(5\times7\times9-3\times5\times7)+(3\times5\times7-1\times3\times5)=678$(个)
【思路导航】把1 cm当做1个单位，每个长方体未涂色的小正方体是长、宽、高分别减去2单位，所涂色的有 $(7\times9\times11-5\times7\times9)+(5\times7\times9-3\times5\times7)+(3\times5\times7-1\times3\times5)=7\times9\times11-1\times3\times5=678$(个)。

3. $9\times8\times3=216(cm^3)$　$216=6\times6\times6$
$6\times6\times6=216(cm^2)$
【思路导航】大正方体的体积与原长方体的体积相等 $V=9\times8\times3=216(cm^3)$，$216=6\times6\times6$，所拼成的大正方体的棱长为6 cm。则表面积 $S=6\times6\times6=216(cm^2)$。

4. $13\times2+8\times3=50$(个)
【思路导航】朝上的面和朝下的面中各有 $3+2+3+2+3=13$(个)表面黑色的正方体，故上下有 $13\times2=26$(个)，中间每一层有8个，共3层，则有 $8\times3=24$(个)，所以露在表面上的黑色正方体的个数是 $26+24=50$(个)。

5. $288\div3\div4=24(cm)$　$24\div3=8(cm)$
$8-1=7(cm)$　$8+1=9(cm)$
$8\times9+(7\times7+7\times8)+(7\times8+6\times8+6\times7)=323$(个)
【思路导航】3个完全一样的长方体，棱长总和为 288,则一个长方体的棱长之和为 288÷3=96(cm),96÷4=24(cm)为长方体的长宽高的和,三个连续的自然数分别为 7,8,9。只有一个面涂色的不包括棱上的。8×9+(7×7+7×8)+(7×8+6×8+6×7)=323(个)。

6. 2×[(3−1)+(4−1)+(5−1)]=18(m^2)

1×1×6=6(m^2)　18+6=24(m^2)

【思路导航】正方体的表面积为 1×1×6=6(m^2),水平方向将它锯成 3 份,则切 2 刀,每切一刀增加 2 个面,面积为 2×2=4(m^2);同理,锯成 4 长条,切 3 刀,增加 3×2=6(m^2),又锯成 5 小块,切 4 刀增加 4×2=8(m^2),所以长方体的表面积的总和为 6+4+6+8=24(m^2)。

第 16 周　倍数问题(一)(基础卷)

1. 200÷(3×2+1+3)=20……乙

20×3=60……甲

60×2=120……丙

【思路导航】

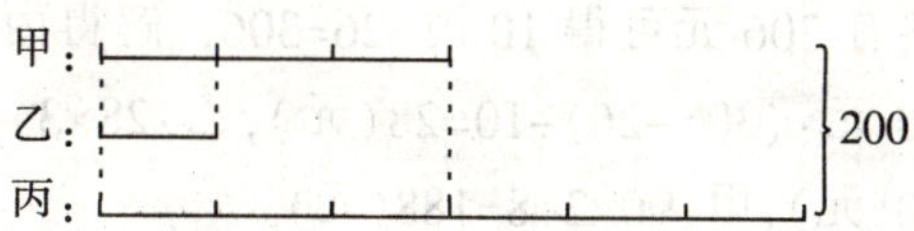

甲、乙、丙三数之和为 200,3 乙+乙+6 乙=200,乙:200÷10=20,甲:20×3=60,丙:60×2=120。

2.(80×3+10)÷(3+2)=50(千克)……第二筐

80−50=30(千克)……第一筐

【思路导航】

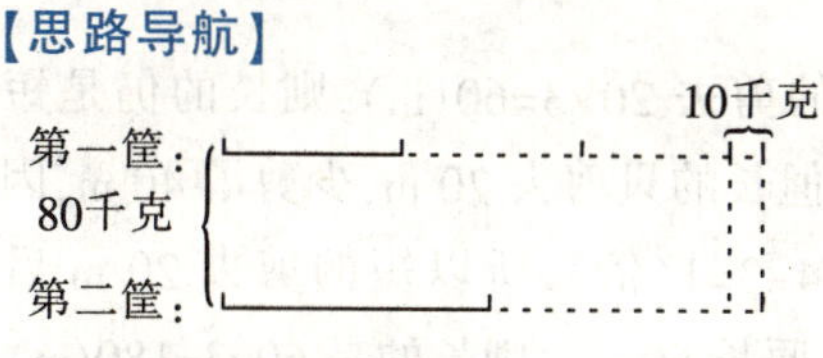

3 倍的第一筐加 10 千克是第二筐的 2 倍,则 80×3+10 为第二筐的 5 倍,则第二筐为(80×3+10)÷5=50(千克),第一筐为 80−50=30(千克)。

3. (74−20×3)÷(5−3)=7……小数

20−7=13……大数

4. (501−8−17−8)÷(17+1)=26……除数

26×17+8=450……被除数

【思路导航】$a÷b=17……8$,$a=17b+8$,则 $a+b+17+8=501$,即 $(17b+8)+b+17+8=501$,则 $b=(501-17-8-8)÷(17+1)=26$……除数,26×17+8=450……被除数。

5. (9×2+12×2)÷(2−1)=42(吨)

42+12=54(吨)……第二堆

54+9×2=72(吨)……第一堆

【思路导航】

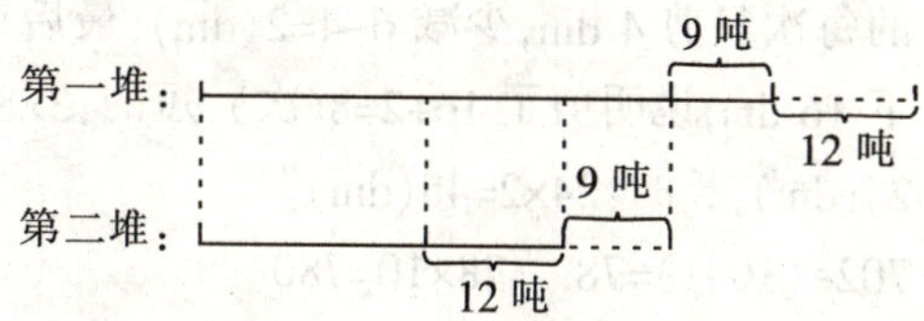

由图示知 9×2+12×2=42(吨),第二堆:42+12=54(吨),第一堆:42×2−12=72(吨)。

6. (2×6−2)÷(6−4)=5(本)……小华现有的

5−2=3(本)……小明原有的

3×6=18(本)……小华原有的

【思路导航】

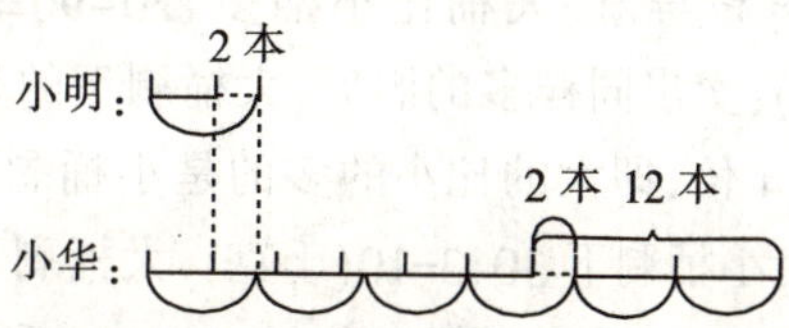

如图所示,如果小华再买 2×6=12(本),则小华所有的本数仍是小明的 6 倍。而实际小华只买了 2 本,所有的本数只是小明的 4 倍,少了小明的 2 倍,是因为少买了 12−2=10(本),所以现在小明的本数:10÷2=5(本),则小明原有 5−2=3(本),而小华原有 3×6=18(本)。

第 16 周　提高卷

1. 592÷2=296　(296−2)÷(2+1)×2+2=198

【思路导航】$a-b=c$,其中 $a+b+c=592$,$b-2c=2$,$a=b+c$,所以 $(2c+2+c)+(2c+2)+c=592$,差为 $c=(592-2×2)÷(1+2+1+2)=98$,减数为 98×2+2=198。

2. (138−94)÷(3−1)=22(吨)

(94−22)÷9=8(天)

【思路导航】乙堆比甲堆多 $138-94=44$(吨)，当乙剩下的是甲的 3 倍时，乙比甲多的是甲的 2 倍，即甲剩下 $44\div2=22$(吨)，每天运 9 吨，则运 $(94-22)\div9=8$(天)。

3. $16\div(3\times2-4)=8$(次)

$8\times4+16=48$(dm)……长的

$8\times3=24$(dm)……短的

【思路导航】若短的和长的同时剪完，短的每次剪 3 dm，长的应剪 $3\times2=6$(dm)，而实际长的每次只剪 4 dm，少减 $6-4=2$(dm)，最后剩下 16 dm，说明剪了 $16\div2=8$(次)，短的：$3\times8=24$(dm)，长的：$24\times2=48$(dm)。

4. $702\div(10-1)=78$　$78\times10=780$

【思路导航】个位的零漏掉后，这个加数缩小了 10 倍，即少了 9 倍，$702\div9=78$，现在加数为 78，原来这个加数是 780。

5. $(120-90)\div(4-1)=10$(千克)……小桶剩下的

$10\times4=40$(千克)……大桶剩下的

$120-40=80$(千克)……卖出的

【思路导航】大桶比小桶多 $120-90=30$(千克)，卖出同样多的酒后，大桶剩下的是小桶的 4 倍，即大的比小的多的是小桶剩下的 3 倍，小桶剩下 $30\div3=10$(千克)，大桶剩下的是 $10\times4=40$(千克)，都卖出 $90-10=80$(千克)。

6. $(60\times2+60)\div(5\times2-1)=20$(元)……乙

$20\times5=100$(元)……甲

【思路导航】(注：与答案思路不同)设甲原存款为 $5a$，则乙为 a。

$2(5a-60)=a+60$，$a=20$(元)，则甲原有 $20\times5=100$(元)。

第 17 周　倍数问题(二)(基础卷)

1. $(8\times3-3)\div(8-5)=7$(岁)……小玲 3 年后的年龄　$7\times5-3=32$(岁)……妈妈今年的年龄

【思路导航】(注：与答案思路不同)设小玲今年 x 岁，则 $8x+3=5\times(x+3)$，$x=4$，$4\times8=32$(岁)，妈妈今年 32 岁。

2. $(22-6)\times4-6=58$(棵)

【思路导航】由图示可知，甲比乙多种 6 棵，丙比乙多种 22 棵，则丙比甲多种 $22-6=16$(棵)，而已知丙种的棵数是甲的 2 倍，

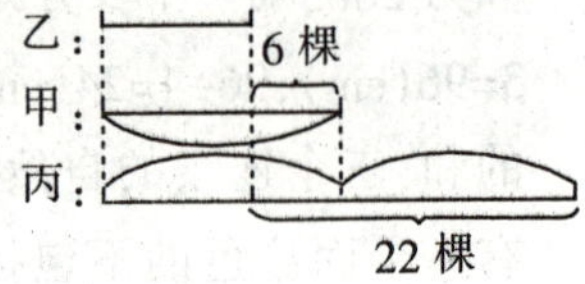

则丙比甲多种 1 倍，即甲种 16 棵，乙种 $16-6=10$(棵)，丙种 $16\times2=32$(棵)，所以他们一共种 $16+10+32=58$(棵)。

3. $(306-8-6\times3)\div(1+3+2\times3)=28$(元)……丙

$28\times3+6=90$(元)……乙

$90\times2+8=188$(元)……甲

【思路导航】

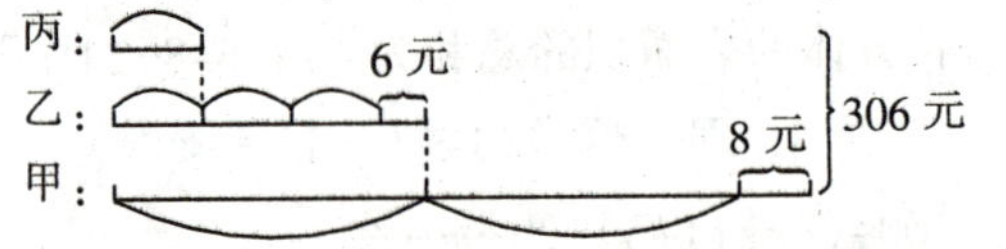

由图可知，视丙为 1 份的话，则乙是 3 份+6 元，甲是 $2\times$(3 份+6)+8 元，甲、乙、丙相加为 $(1+3+2\times3)$丙$+6+6\times2+8=10$丙$+26$，由三人共有 306 元可得 10丙$+26=306$，解得丙有 28 元：$(306-26)\div10=28$(元)，乙：$28\times3+6=90$(元)，甲：$90\times2+8=188$(元)。

4. $20\times(3-1)\div(4-3)+20=60$(m)……短的

$60\times3=180$(m)……长的

【思路导航】

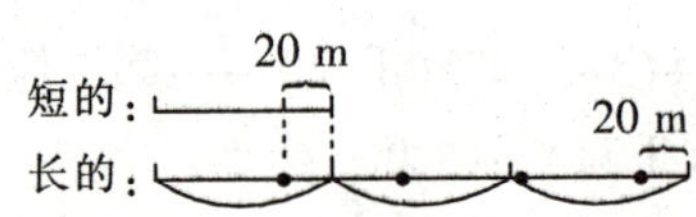

若长的剪去 $20\times3=60$(m)，则长的仍是短的 3 倍，但长的只剪去 20 m，少剪了 40 m，因而也多 $4-3=1$(倍)，所以短的剪去 20 m 后剩 40 m，原长 60 m。则长的是 $60\times3=180$(m)。

5. $(100\times3-60)\div(5-3)=120$(元)……乙

$120\times5=600$(元)……甲

【思路导航】

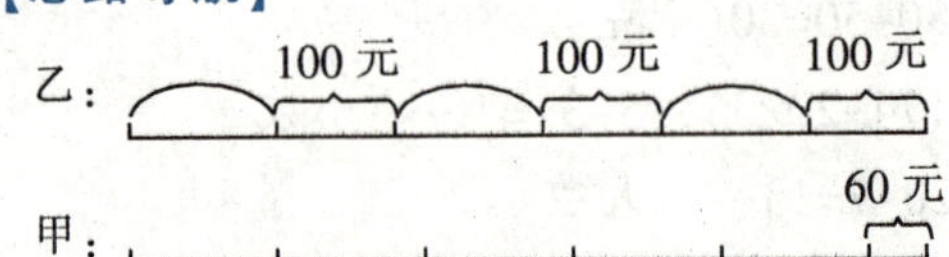

如图所示：乙原有的钱加上存入的100元，得到的总数乘3等于甲的钱加上后来存入的60元，即(乙+100)×3=甲+60，而甲的存款是乙的5倍，即甲=5乙，整理得乙=(100×3−60)÷(5−3)=120(元)，即乙原有存款120元，而甲原有存款120×5=600(元)。

6.(95+5)÷(2+2+1)=20(个)……篮球

20×2=40(个)……排球

40−5=35(个)……足球

【思路导航】

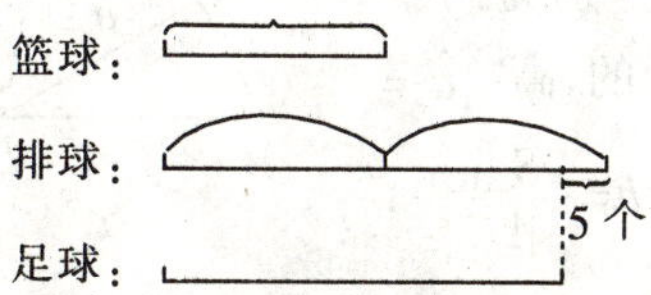

如图所示，篮球视为"1"，则排球有2个这样的"1"，而足球比排球少5个，可表示为(2倍的篮球−5)个，三种球可用5倍的篮球的个数减5个来表示，即5倍篮球的个数−5=95，则篮球的个数为(95+5)÷(1+2+2)=20(个)，排球：20×2=40(个)，足球：40−5=35(个)。

第17周 提高卷

1. 540÷(4−1)+600=780(人)

【思路导航】从两厂各调走600人后，甲厂人数比乙厂少540人，乙厂是甲厂的4倍，即多3倍，多540人，此时甲厂剩540÷3=180(人)，而调走600人前，甲厂有180+600=780(人)。

2. (1650−100−50×3)÷7=200……丙

200×2+50=450……乙

450×2+100=1000……甲

【思路导航】

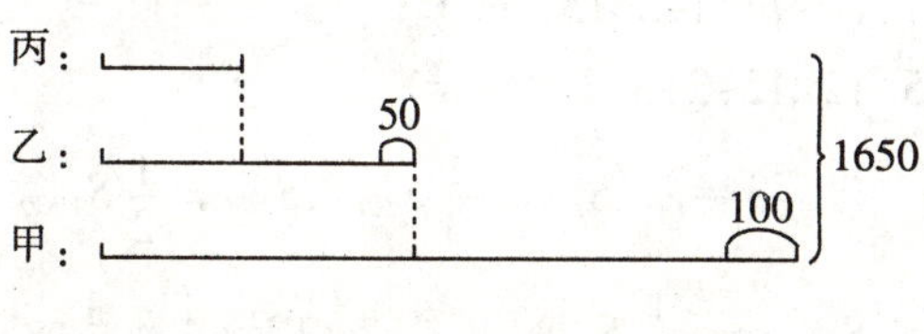

如图所示，以丙为标准，则乙比丙的2倍多50，乙可表示为2丙+50，甲可表示为2乙+100=2(2丙+50)+100=4丙+200，甲、乙、丙的和都用丙表示，可表示为7丙+250，由三数之和为1650，可得7丙+250=1650，则丙=(1650−250)÷7=200，则乙=200×2+50=450，甲=450×2+100=1000。

3. (600−140)÷(3−1)−140=90(m^3)

【思路导航】两个水池注入同样多的水后，大水池比小水池的水多600−140=460(m^3)，大水池是小水池的3倍，则大的比小的多2倍，则小水池此时有460÷2=230(m^3)，注入水为230−140=90(m^3)。

4. 482.13÷(100−1)=4.87

【思路导航】一个两位小数去掉小数点后扩大为原来的100倍，增加了99倍，则原来这个小数为482.13÷99=4.87。

5. 630÷3×2=420(人)

420÷2×4+630=1470(人)

【思路导航】男工选出$\frac{1}{3}$后剩下$\frac{2}{3}$，即630×$\frac{2}{3}$=420(人)，是剩下女工人数的2倍，则剩下的女工有420÷2=210(人)，女工原有210×4=840(人)，共有工人：840+630=1470(人)。

6. 55÷(2+1+2)×(2+1)=33(岁)

【思路导航】如图所示

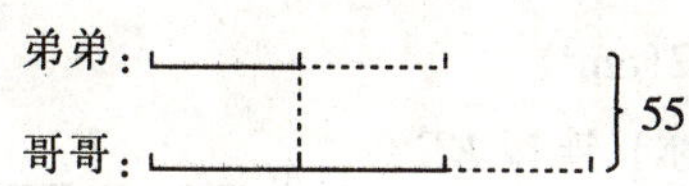

55÷(2+1+2)×(2+1)=33(岁)。

第18周 组合图形的面积(一)(基础卷)

1. (7−3+7)×5÷2=27.5(cm^2)

【思路导航】

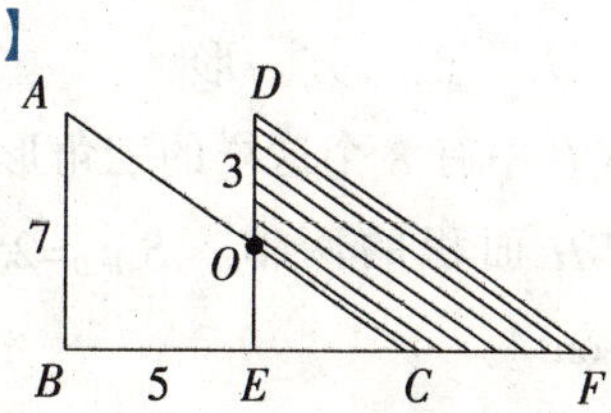

△ABC在平移的过程中只是位置发生改变，大小并没变，即面积没变，所以$S_{\triangle ABC}=S_{\triangle DEF}$，$S_{阴}=S_{\triangle DEF}-S_{\triangle OEC}=S_{\triangle ABC}-S_{\triangle OEC}=S_{梯形ABEO}$，其中$OE=DE-OD=7-3=4$，$S_{梯}=(OE+AB)\times BE\div2=(4+7)\times5\div2=27.5(cm^2)$。

2. $10\times10\times3-5\times5\times2=250(cm^2)$

【思路导航】重叠后图形的面积等于3个正方形的面积减去两个边长为5 cm的正方形的面积：$10\times10\times3-5\times5\times2=250(cm^2)$。

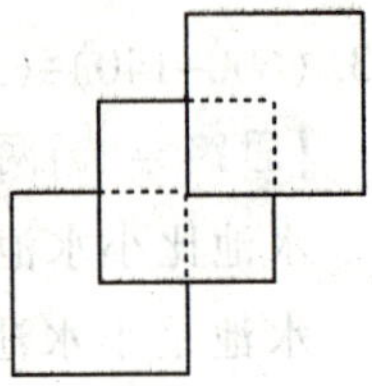

3. $(16-2)\times(12-2)=140(m^2)$

【思路导航】将阴影的两部分上下、左右平移，拼成一个新的长方形，长为$16-2=14(m)$，宽为$12-2=10(m)$，面积：$(16-2)\times(12-2)=140(m^2)$。

4. $8\div(12\div6)=4(cm^2)$

【思路导航】先看右边的两个三角形，它们等高，面积之比即为底之比，则$\dfrac{AE}{EF}=\dfrac{12}{6}=\dfrac{2}{1}$，而

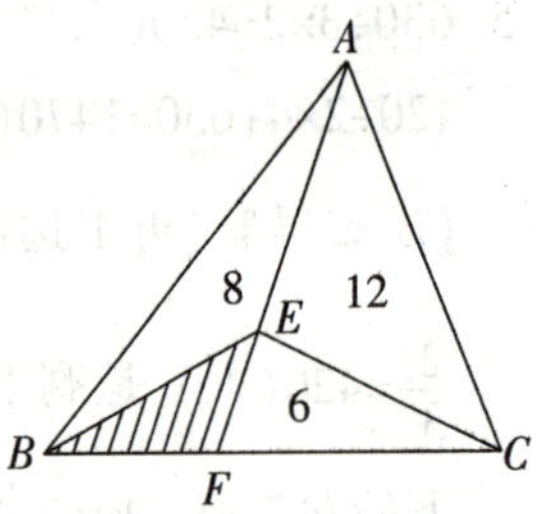

△ABE和△EBF也是等高的，$\dfrac{S_{\triangle ABE}}{S_{\triangle EBF}}=\dfrac{AE}{EF}=2$，则$S_{\triangle EBF}=\dfrac{8}{2}=4(cm^2)$。

5. $4\times4\times2=32(cm^2)$

【思路导航】连接EG、FH相交于点O，EG和FH将正方形$EFGH$平分为4份，其中△EFO和△EAF的面积相等，则大正方形$ABCD$中有8个这样的三角形，是小正方形$EFGH$面积的两倍。$S_{ABCD}=2S_{EFGH}=2\times4\times4=32(cm^2)$。

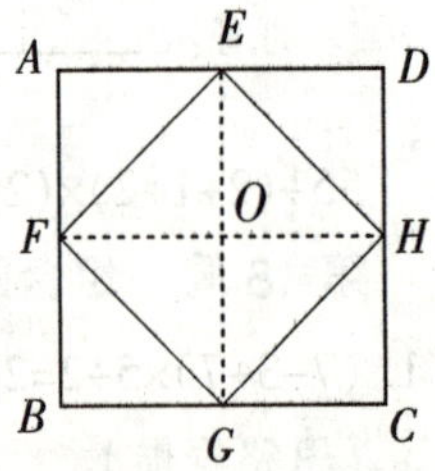

6. $(6\div2)\times8\div2=12(cm^2)$

【思路导航】阴影部分可以看做一个三角形底与长方形等长，高等于长方形的宽的一半，面积为长方形的一半的一半。阴影面积是$8\times6\div2\div2=12(cm^2)$。

第18周　提高卷

1. $34\times2\div10=6.8(cm)$

【思路导航】如图，连接AD，则将原△ABC分为左右两个三角形，a和b分别为两个三角形的高，$a=\dfrac{2S_{\triangle ABD}}{AB}$，$b=\dfrac{2S_{\triangle ACD}}{AC}$，

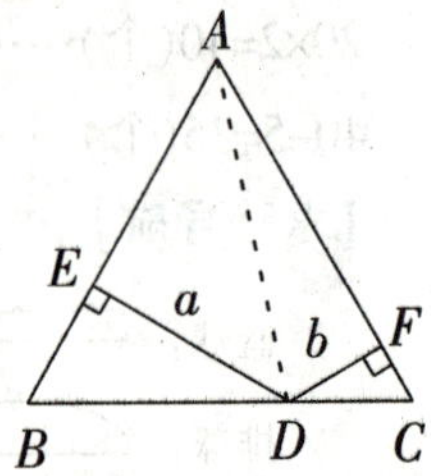

而$AB=AC$，所以$a+b=\dfrac{2(S_{\triangle ABD}+S_{\triangle ACD})}{AB}=\dfrac{2\times34}{10}=6.8(cm)$。

2. $(4\times4+6)\times2\div4-4=7(cm)$

【思路导航】(注：与答案思路不同)$S_{\triangle DEF}=S_{\triangle BCE}-S_{梯BCDF}$，而$S_{\triangle DEF}-S_{\triangle ABF}=S_{\triangle BCE}-S_{梯BCDF}-S_{\triangle ABF}=S_{\triangle BCE}-(S_{梯BCDF}+S_{\triangle ABF})=S_{\triangle BCE}-S_{ABCD}=6(cm^2)$。设$DE$的长度为$x$ cm，则$4\times(4+x)\div2-4\times4=6$　$x=7$　$\therefore DE$的长度为7 cm。

3. $(4+3)\times4\div2-3\times3\div2-3\times(4-3)=6.5(cm^2)$

【思路导航】(注：思路与答案不同)阴影部分的面积$=S_{大正方形}+S_{小正方形}-S_{\triangle1}-S_{\triangle2}$，其$S_{\triangle1}=(4+3)\times4\div2$，$S_{\triangle2}=\dfrac{1}{2}\times3\times3$

$4^2+3^2-4\times(4+3)\div2-3\times3\div2=6.5(cm^2)$。

4. $68\div2=34(cm^2)$　$16\div2=8(cm)$

$(8\times8-34)\div2=15(cm^2)$

【思路导航】设长方形$ABCD$的边长分别为a、b，$a+b=8$，$(a^2+b^2)\times2=68$，得$ab=[(a+b)^2-(a^2+b^2)]\div2=15(cm^2)$。

5. $12\times12\div2\div3\div3=8(cm^2)$

【思路导航】$S_{\triangle BED}=\dfrac{1}{3}S_{\triangle BCD}$，$S_{\triangle BCD}=\dfrac{1}{2}S_{ABCD}$

$S_{\triangle MEN}=\dfrac{1}{3}S_{\triangle BED}$，$S_{\triangle EMN}=12^2\times\dfrac{1}{2}\times\dfrac{1}{3}\times\dfrac{1}{3}=$

$8(cm^2)$。

6. $18\div(1+2)\times2=12(cm)$……$CE$

$12\times18\div2-12\times12\div2=36(cm^2)$ …$\triangle CEF$的面积

$36\times2\div12=6(cm)$……DF

【思路导航】$AB=18$ cm，$CE=2DE$，$DE=6$ cm，$CE=12$ cm，$S_{\triangle BCF}=12\times18\div2=108(cm^2)$，$S_{\triangle CEF}=S_{\triangle BCF}-S_{\triangle BEC}=108-12\times12\div2=36(cm^2)$，$DF=36\times2\div12=6(cm)$。

第 19 周　组合图形的面积(二)(基础卷)

1. $9\div2\times3\div2=6.75(cm^2)$

【思路导航】$S_{\triangle DEC}=\frac{1}{2}S_{\triangle ADC}$，$\frac{S_{\triangle ADC}}{S_{\triangle ABD}}=\frac{CD}{BD}=\frac{3}{2}$，故$S_{\triangle ADC}=3S_{\triangle ABD}\div2$，所以$S_{\triangle DEC}=9\times3\div2\div2=6.75(cm^2)$。

2. $10\times10\div2=50(cm^2)$

【思路导航】由$\angle1=\angle2=\angle3=45°$可知梯形为直角梯形，而$\triangle AED$和$\triangle EBC$均为等腰直角三角形，$AE=AD$，$EB=BC$，而$AE+EB=AD+BC=10$，由梯形的面积公式得：$10\times10\div2=50(cm^2)$。

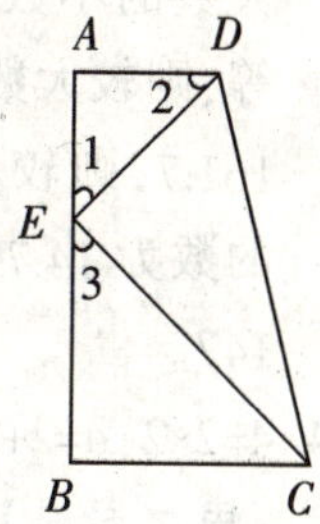

3. $64\div2\div2=16(cm^2)$

【思路导航】阴影部分的三角形与平行四边形等底等高，故$S_{\triangle DBE}=\frac{1}{2}S_{\square DEFC}$，而$S_{\square DEFC}=\frac{1}{2}S_{\triangle ABC}$，所以$S_{\triangle DEB}=64\div2\div2=16(cm^2)$。

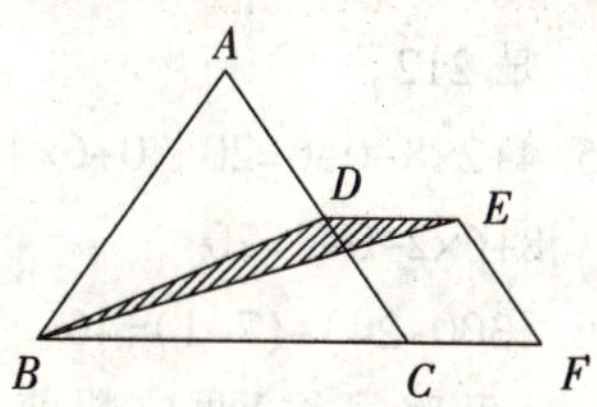

4. $4\times6-1\times1\div2-5\times2\div2-3\times2\div2-4\times2\div2=11.5(cm^2)$

【思路导航】用大长方形的面积减去四个角上三角形的面积，得到阴影部分的面积。$4\times6-1\times1\div2-5\times2\div2-3\times2\div2-4\times2\div2=11.5(cm^2)$。

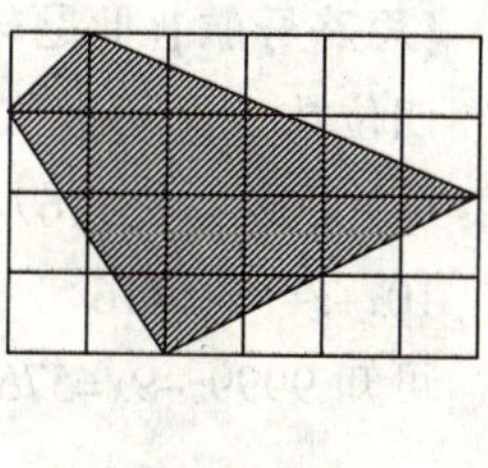

5. $15\times8\div2\div3\times2=40(cm^2)$

【思路导航】$S_{阴}=S_{\triangle ABE}+S_{\triangle AFD}+2S_{\triangle AOP}-S_{\triangle ABD}=2S_{\triangle AOP}$，所以$S_{\triangle BOE}+S_{\triangle PDF}=S_{\triangle AOP}$，如图所示，连接$CO$、$PC$，可知$S_{\triangle OPC}=S_{\triangle AOP}$

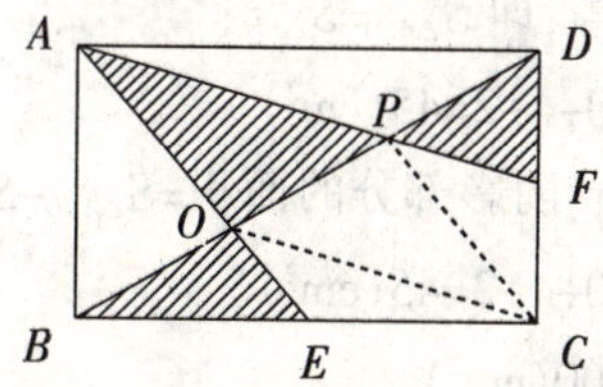

又$\because S_{\triangle BOE}=S_{\triangle OEC}$　　$S_{\triangle PFC}=S_{\triangle PDF}$

所以$S_{\triangle AOP}=\frac{1}{3}S_{\triangle BDC}=\frac{1}{3}\times15\times8\div2=20(cm^2)$，

所以$S_{阴}=2S_{\triangle AOP}=40(cm^2)$。

6. $(10-6)\times(10+6)=64(cm^2)$

【思路导航】四边形$BJGI$的面积等于两个正方形的面积和减去四个三角形的面积。$10^2\times2-10^2\div2\times2-6^2\div2\times2=64(cm^2)$或$(10-6)\times(10+6)=64(cm^2)$。

第 19 周　提高卷

1. 提示：过P点分别作三条边的平行线

$24\div2=12(cm^2)$

【思路导航】过P点分别作AB、BC、AC的平行线，这三条平行线将$\triangle ABC$分别割成一些平行四边形和等腰三角形。PC、PA、PB将这些平行四边形平分，垂线PE、PF、PG将三角形平分，所以图中阴影部分的面积与空白部分的面积相等，$S_{阴}=\frac{1}{2}S_{\triangle ABC}=24\div2=12(cm^2)$。

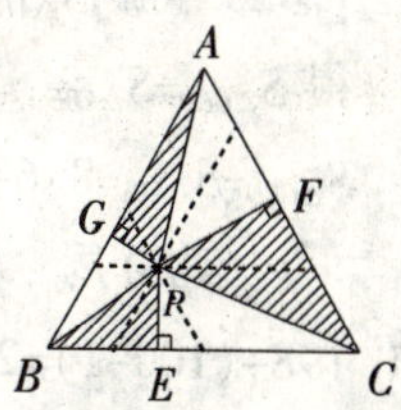

2. Ⅰ：$6\times6\div4=9(cm^2)$

Ⅱ：$6\times6\div2\div9\times4=8(cm^2)$

Ⅰ比Ⅱ大1 cm^2

【思路导航】作辅助线如图所示，根据划分的份

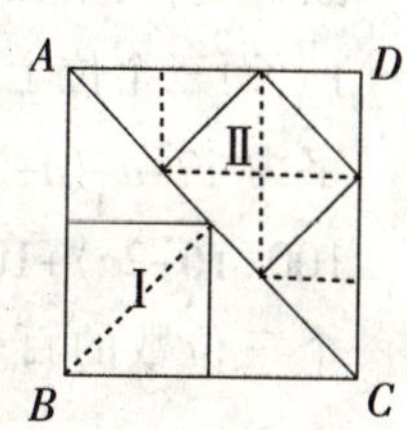

数，得Ⅰ：$6\times6\div4=9(cm^2)$，Ⅱ：$6\times6\div2\div9\times4=8(cm^2)$，Ⅰ比Ⅱ的面积大 1 cm^2。

3. $\triangle AFD$ 的面积=$\triangle EFC$ 的面积

【思路导航】$S_{\triangle ACD}=S_{\triangle ECD}$，因为等高同底，而两个三角形同时减去公共部分$\triangle FCD$，剩下的面积也相等，即 $S_{\triangle AFD}=S_{\triangle EFC}$。

4. $120\div2-120\div4\div2=45(cm^2)$

【思路导航】阴影部分的面积=$S_{\triangle ACD}-S_{\triangle EFD}$

$120\div2-120\div4\div2=45(cm^2)$。

5. $40\times5\div2=100(cm^2)$

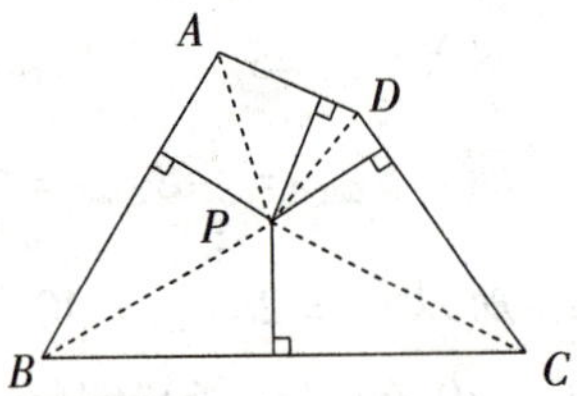

【思路导航】P 点与各顶点的连线可将四边形 ABCD 分为四个三角形，高都为 5 cm，底之和为四边形 ABCD 的周长 40 cm，则四边形 ABCD 的面积可转化为 4 个三角形的面积之和，即 $40\times5\div2=100(cm^2)$。

6. $\triangle CDE$ 的面积=$\triangle ABE$ 的面积

$8\times6\div2=24(cm^2)$

【思路导航】$S_{\triangle ABD}=S_{\triangle ACD}$，两边同时减去 $S_{\triangle AED}$，得 $S_{\triangle CED}=S_{\triangle ABE}$

$S_{\triangle CED}=S_{\triangle ABE}=8\times6\div2=24(cm^2)$。

第 20 周　数字趣味题(基础卷)

1. $198\div(100-1)=2$

$(17+1+2+1)\div3=7$ ……十位数字

$7-1=6$ ……个位数字

$6-2=4$ ……百位数字

所以原数是 476

【思路导航】(注：与答案思路不同，设未知数解题)设个位数字为 a，则十位数字为$(a+1)$，而三个位上数字之和为 17，则百位上数字为 $17-a-(a+1)=16-2a$，则这个三位数为 $100(16-2a)+10(a+1)+a=1610-189a$，把这个三位数的百位数字与个位数字对调后，得到新三位数为 $100a+10(a+1)+16-2a=108a+26$，新数比原数大 198，即$(26+108a)-(1610-189a)=198$，解得 $a=6$，$a+1=7$，$16-2a=4$，所以原数为 476。

2. $(4000+600)\div(24-1)=200$

【思路导航】设原三位数为 abc，把 4 写在它的左边，则变为 $4abc$，4 在千位上，增加了 4000，再加 600，比原数多 4600 是原数的24倍，即原数的 23 倍为 4600，所以原数为 $4600\div23=200$。

3. $161.7\div(10+1)=14.7$……较小数

$14.7\times10=147$……较大数

【思路导航】把小数的小数点向左移动一位后，该小数就缩小到原来的$\frac{1}{10}$。由题意知较大数的小数点向左移动一位后和较小数相等，则较大数是较小数的 10 倍，两数之和为 161.7，则较小的数为 $161.7\div11=14.7$，较大的数为 $14.7\times10=147$。两个数分别为 14.7 和 147。

4. $4=2\times2$　$4=2+2$　$4=2\times2\times1$　所以原数是 212

【思路导航】和与积都是 4 的两个数只有 2 和 2，三个数字相乘为 4，则第三个数为 1，个位和百位为 2，十位数为 1，这个三位数字是 212。

5. $4+2\times8-0\div6=20$　$0+6\times4-8\div2=20$

$8+6\times2-0\div4=20$

6. $(300-24)\div(7-1)=46$

【思路导航】两位数前面写 3，比原数增加 300，比原数 7 倍多 24，则 $300-24=276$ 是原数的 6 倍，原数为 $276\div6=46$。

第 20 周　提高卷

1. 380547362

【思路导航】(此题较难)设前四位数为 x，后四位数为 y，第五位数为 z，则

$x+10000z+y=51167$

$10x+z+y=45416$

可知 $9999z-9x=5751$

$x=1111z-639$

$y=45416-10x-z$

$=45416-11111z+6390$

$=51806-11111z$

因为 y 是四位数，所以 $z=4, x=3805, y=7362$，$n=380547362$。

2. $(468+100-1)\div(10-1)=63$

【思路导航】设原来的两位数为 ab，则把 1 加在它前面为 $1ab$，把 1 加在它后面为 $ab1$，两个三位数的差是 $ab1-1ab=(10ab+1)-(100+ab)=9ab-99=468$，得 $ab=63$，所以原两位数为 63。

3. 设原数为 $ab3$，则

$$\begin{array}{r} a\ \ b\ \ 3 \\ -\ 3\ \ a\ \ b \\ \hline 1\ \ 7\ \ 1 \end{array}$$

推得原数=523。

【思路导航】(注：与答案思路不同)设原三位数为 $ab3$，移位后的新数为 $3ab$，原数与新数的差为 171，即 $ab3-3ab=171$，展开得 $(10ab+3)-(300+ab)=171$，解得 $ab=52$，所以原数为 523。

4. 3963 【思路导航】设原数为 $ABCD$，则新数为 $CDAB$，由题意知：$B+D=12$，$A+C=9$，$B-D=6$，$C-A=3$，得 $B=9$，$D=3$，$C=6$，$A=3$，所以原数为 3963。

5. 857142

【思路导航】设原来的六位数为 $ABCDE2$ 由题意得：

$$\begin{array}{r} 2\ A\ B\ C\ D\ E \\ \times \qquad\qquad 3 \\ \hline A\ B\ C\ D\ E\ 2 \end{array}$$

由 $E\times3$ 的结果的个位数为 2 得 $E=4$，$3\times D+1$ 的结果末位数为 4，得 D 为 1，由 $3\times C$ 的末位数为 1 得 C 为 7，由 $3B+2$ 的末位数为 7 得 $B=5$，由 $3A+1$ 的末位数为 5，得 A 为 8，所以原六位数为 857142。

6. 121 【思路导航】设原两位数为 AB，则新数为 BA，由题意知 $AB+BA$ 是完全平方数，而 $AB+BA=10A+B+10B+A=11(B+A)$，$11(B+A)$ 是某个数的平方，则 $A+B=11$，所以两个数的和为 $11\times11=121$。

期末测试(一)

1. 138 dm

【思路导航】如图所示，需要以 15 为长，8 为宽的长方形的周长的长；以 8 为长，5 为宽的长方形的周长的 2 倍；以 15 为长，5 为宽的长方形的周长。$(15+8)\times2+(8+5)\times2\times2+(15+5)\times2=138$(dm)。

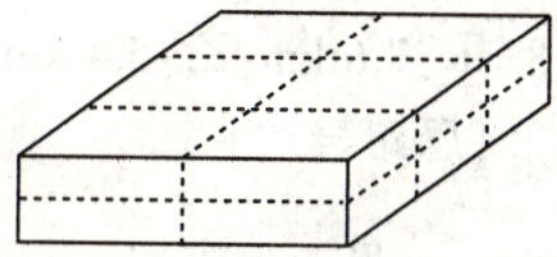

2. 24 个 【思路导航】含有“0”的 10，20，30，…，100，11 个 0，含有“5”的乘以偶数也可得到“0”。5，15，25，…，95，共 10 个 0。25、50、75 乘以其他数会多产生 3 个“0”。所以，$11+10+3=24$(个)。

3. 90 dm^2

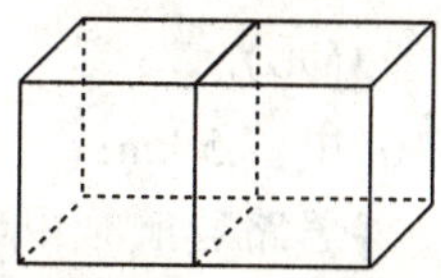

【思路导航】长方形的棱长总和为 48 dm，则同一顶点发出的三条棱之和为 $48\div4=12$ (dm)，其中一条棱是另外两条棱的 2 倍，如图所示，所以长方体的棱长为 3，3，6 dm，则 $S=2\times(3\times3+3\times6+3\times6)=90(dm^2)$。

4. 180 次 【思路导航】①2，12，32，…，92 9 次 20，21，…，29 11 次⇒9+11=20(次)

②102，112，132，…，192 9 次 120，121，…，129 11 次⇒20 次

③200，201，…，299 (100+20)次

所以 1 到 400：$20\times3+120=180$(次)。

5. 84 块 【思路导航】设大班有 x 个小朋友，则小班有 $(x+2)$ 个小朋友，由题意可列方程 $5x-6=4\times(x+2)+4$ $x=18$ $18\times5-6=84$(块)。

6. B 【思路导航】A 图中，$S_{阴影}=S_{长方形}\div2$，B 图中，$S_{阴影}>\frac{1}{2}S_{平行四边形}$，$C$ 图中，$S_{阴}<\frac{1}{2}S_{正方形}$，则

$B>A>C$，B 图中阴影的面积最大。

7. 6.375 或 6.4375 【思路导航】原式可转化为 $(8A+4B+C)\div16\approx6.4$，这个约数最小为 6.35，最大为 $6.4\dot{4}$，所以 $8A+4B+C$ 的取值在 $16\times6.35=101.6$ 和 $16\times6.4\dot{4}\approx103.11$ 之间，可取 102 或 103。所以准确值为 $102\div16=6.375$ 或 $103\div16=6.4375$。

8. 甲：7.6 km；乙：5.4 km；丙：3.3 km

【思路导航】

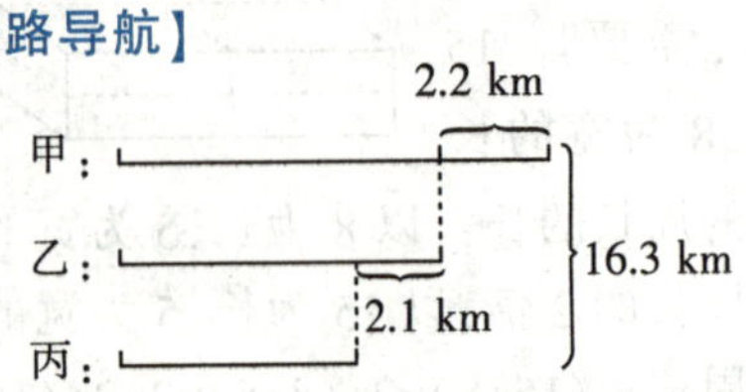

乙：$(16.3+2.1-2.2)\div3=5.4$(km)

甲：$5.4+2.2=7.6$(km)

丙：$5.4-2.1=3.3$(km)

9. 3 元 【思路导航】三人平均分这批零件 $48\times2\div3=32$（个），也就是甲少生产 $48-32=16$（个），少拿 48 元，说明每个零件 $48\div16=3$（元）。

10. 甲：7.5 km；乙：12.5 km

【思路导航】甲经过 10 小时比乙多用 4 小时，则乙用了 $10-4=6$（时），设甲每小时行 x km，则乙为 $(x+5)$km。

$10x=6\times(x+5)$　$x=7.5$(km)

甲：7.5 km　乙：$7.5+5=12.5$(km)

11. 青椒单价：2 元；白菜单价：0.8 元

【思路导航】青椒的单价比白菜的单价的 2 倍多 0.4 元，则 2 千克青椒比白菜单价的 4 倍多 $0.4\times2=0.8$（元），而 2 千克青椒=5 千克白菜，则 1 千克白菜为 0.8 元。

白菜：$0.4\times2\div(5-2\times2)=0.8$（元）

青椒：$0.8\times2+0.4=2$（元）

12. 920 元 【思路导航】甲给乙 4 张 10 元的纸币后，甲乙两人的钱数相等，说明甲比乙多 $10\times4\times2=80$（元），而乙比甲多 34 张，说明甲比乙每张多 $10-5=5$（元），则面值 10 元的有 $(10\times4\times2+34\times5)\div5=50$（张），面值 5 元的有 $50+34=84$（张），共有 $50\times10+84\times5=920$（元）。

13. 12.4 万元 【思路导航】解：设要付 x 年。

$7+(x-1)=(2+1.5)\times x\div2$

$x=8$

$7+(8-1)=14$（万元）

$14-1.6=12.4$（万元）

第 21 周　假设法解题（基础卷）

1. 2 元邮票：60 枚；5 元邮票：40 枚

【思路导航】假设 100 枚都是面值 5 元的，则共 500 元，而实际仅 320 元，比实际多 180 元，为什么多？因为 100 枚邮票中有的是 2 元的。把一枚 2 元的假设成 5 元的就多 3 元，总共多 180 元，所以一共有 $180\div3=60$（枚）2 元的邮票。

2 元邮票：$(5\times100-320)\div(5-2)=60$（枚）

5 元邮票：$100-60=40$（枚）

2. 6 天 【思路导航】采了 112 个，平均每天采 14 个，说明共采 $112\div14=8$（天），假设 8 天都是晴天，则采 $20\times8=160$（个），比实际多 48 个，这是因为当中有雨天，雨天比晴天少采 8 个，则雨天有 $48\div8=6$（天），晴天有 $8-6=2$（天）。

3. 47 件 【思路导航】假设 48 件全为正品则创造财富 $12\times48=576$（元），比实际多 $576-466=110$（元），这是因为当中有次品，而一件次品就损失 $98+12=110$（元），则次品有 $110\div110=1$（件），正品有 $48-1=47$（件）。

4. 答对：8 题；答错：2 题

【思路导航】假设 10 道题都答对则得 $10\times15=150$（分），而实际只有 100 分，少 50 分，是因为其中有错题，答错一题要少 $10+15=25$（分），所以答错 $50\div25=2$（题），答对 $10-2=8$（题）。

5. 大客车：7 辆；小客车：3 辆

【思路导航】假设 10 辆全是大客车，则载

100×10=1000(人),但实际大客车比小客车一共多载 520 人,相差 1000−520=480(人),可将一辆大客换回一小客,这样每换一次,大客少 100 人,小客多 60 人,每换一次的差额是 100+60=160(人),480 人中含有 3 个 160 人,即需 3 次,所以有 3 辆小客车,10−3=7(辆)……大客车,小客车:(100×10−520)÷(100+60)=3(辆)。

6. 前座:480 个;后座:720 个

【思路导航】思路 1:假设 1200 个座位全是后排票,则总价 2.5×1200=3000,实际后排座票的总价比前排的多 1080 元,差 3000−1080=1920(元)。前排:1920÷(1.5+2.5)=480(个),则后排:1200−480=720(个)。

思路 2:解:设后排座位有 x 个,前排座位为 $(1200-x)$ 个,$2.5x-1.5\times(1200-x)=1080$,得 $x=720$。前排座位:1200−720=480(个)。

第 21 周　提高卷

1. 35 枚　【思路导航】将 1 元硬币和 5 角硬币对换后,总钱数减少了 675−600=75(角),这是因为一枚一元的比 5 角的多 5 角,75÷5=15(枚),所以 1 元硬币比 5 角硬币多 15 枚,原 5 角硬币有(675−15×10)÷5÷3=35(枚)。

2. 4800 m

【思路导航】8 km=8000 m

设以每分钟 120 m 的速度行驶了 x 分钟

$120x+160\times(60-x)=8000$　$x=40$

离 A 地 120×40=4800(m)时改变了速度。

3. 6000 m

【思路导航】设离学校 x m 改变速度,所以

$$(7000-x)\div50+x\div75=100$$

$$3(7000-x)+2x=100\times150$$

$$21000-3x+2x=15000$$

$$x=6000(\text{m})$$

∴ 小明在离学校 6000 m 的地方改变速度。

4. 28,12　【思路导航】假设 26 次全都是放入红盒子,则共放入 26×2=52(个),比实际多 52−40=12(个),这是因为放入红盒比放入黑盒多一个,则放入黑盒(52−40)÷(2−1)=12(次),26−12=14(次),14×2=28(个)。红盒中有玻璃球 28 个,黑盒中有玻璃球 12 个。

5. 12 只　【思路导航】母猴与小猴平均每只摘(8+5)÷2=6.5(个)。假设 42 只全是公猴,则共摘桃 42×10=420(个),比实际多 420−315=105(个),这是因为母猴(或小猴)每只比公猴少摘 10−6.5=3.5(个),所以母猴和小猴共 105÷3.5=30(只),而公猴有 42−30=12(只)。

6. 拾元:10 张,伍元:10 张;贰元:14 张

【思路导航】由题意知,拾元的张数和伍元的张数同样多,先求拾元和伍元的平均面值为(10+5)÷2=7.5(元),把所有拾元和伍元的都看做 7.5 元的。假设 34 张全是 7.5 元的,则 7.5×34=255(元),比实际 178 元多 255−178=77(元),这是因为面值 7.5 元比面值 2 元的多 7.5−2=5.5(元),所以贰元的有 77÷5.5=14(张),面值拾元和伍元的各(34−14)÷2=10(张)。

第 22 周　作图法解题(基础卷)

1. 60 吨

【思路导航】

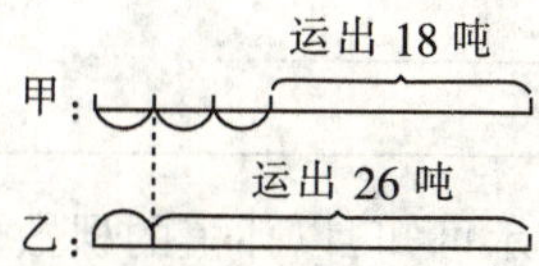

由题意知,甲乙两仓库存粮一样多。甲运走 18 吨,乙运走 26 吨,乙比甲多运走 26−18=8(吨),则甲剩下的比乙剩下的多 8 吨,而甲剩下的是乙剩下的 3 倍,则乙剩下的为 8÷(3−1)=4(吨),乙原存粮有 26+4=30(吨),所以甲、乙两仓原来共存粮 30×2=60(吨)。

2. 60 人　【思路导航】

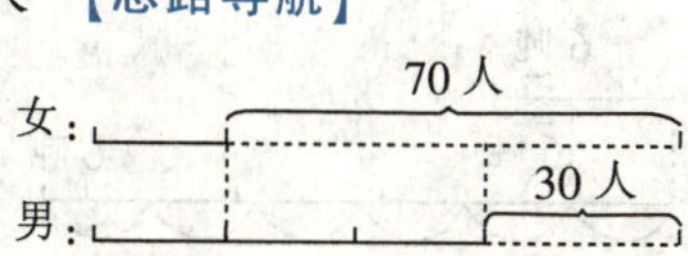

如图所示，女生比男生多招 70−30=40(人)，相当于原来女生人数的 2 倍，则女生原有 40÷2=20(人)，则男生原有 20×3=60(人)。

3. 20 个 【思路导航】如图所示，梨比杏多：12+8=20(个)。

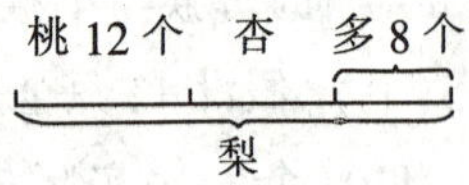

4. 47 吨 【思路导航】如图所示，黄豆比稻谷少 35+12=47(吨)。

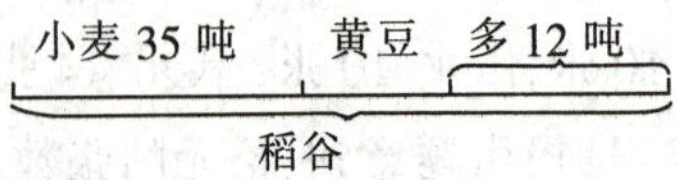

5. 9 分 【思路导航】由图可知，语文 92 分+体育分=数学分+83，则数学分−体育分=92−83=9，所以亮亮的数学比体育高 9 分。

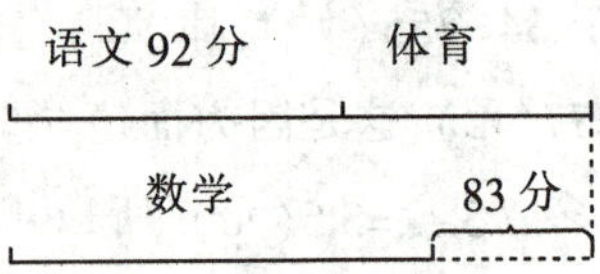

6. 100 棵 【思路导航】

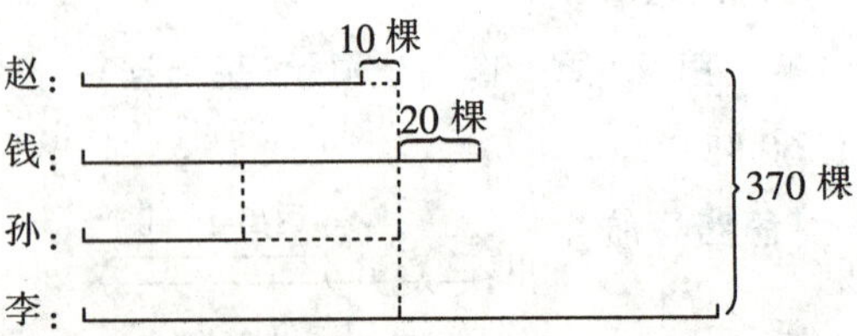

由图示可知，以孙植的棵数的 2 倍为标准，赵的少 10 棵，钱植的多 20 棵，李是其的 2 倍，则孙的 2 倍为：$(370-20+10)\div\left(1+1+\frac{1}{2}+2\right)$ =80(棵)，而钱值的棵数为 80+20=100(棵)。所以钱实际植了 100 棵。

第 22 周 提高卷

1. 甲：84 吨，乙：21 吨 【思路导航】

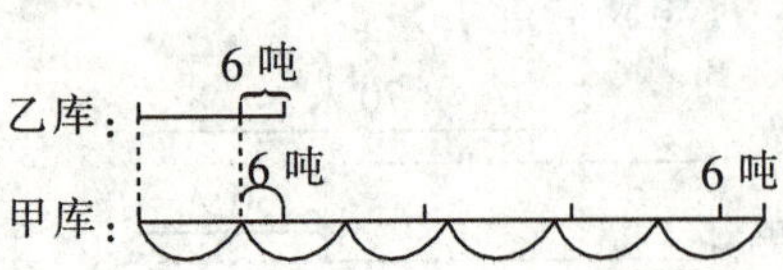

如图所示，原来甲的库存是乙的 4 倍，从乙库中取出 6 吨放入甲库，甲库增加 6 吨，而甲库原有的平均分成 4 份，每份都比乙现存的多 6 吨，共多 4×6=24(吨)，加上从乙库运来的 6 吨，现在甲库比乙库共多 24+6=30(吨)，而现在甲库存是乙库的 6 倍，多 5 倍，则此时乙库的库存为 30÷(6−4)=15(吨)，乙库原有 15+6=21(吨)，甲库原有 21×4=84(吨)。

2. A：82 人，B：26 人 【思路导航】

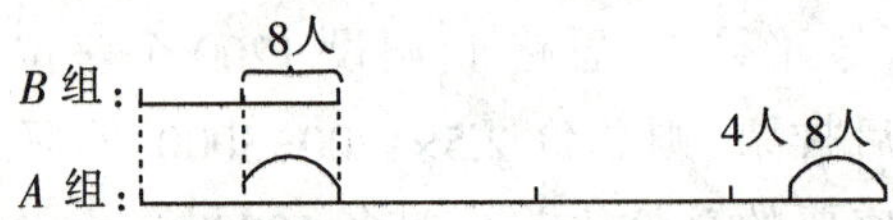

由题意知 A 组原来的人数比 B 组的 3 倍多 4 人，从 B 组抽 8 人到 A 组后，A 组比 B 组的 3 倍多 8×3+4+8=36(人)，而此时 A 组人数是 B 组的 5 倍，现在 B 组的人数为 36÷(5−3)=18(人)，所以 B 组原有 18+8=26(人)，A 组原有 26×3+4=82(人)。

3. 56 人 【思路导航】

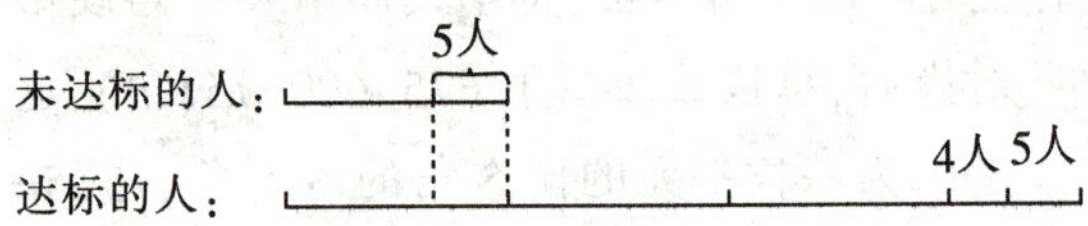

上学期达标人数比未达标的人数 3 倍多 4 人，下学期又有 5 人达标，则未达标的人数减少 5 人，达标的人数增加 5 人。达标的人比未达标的人的 3 倍多 5×3+4+5=24(人)，此时达标人数是未达标人数的 6 倍，则未达标的人数 24÷(6−3)=8(人)，达标的人数 8×6=48(人)，这个班共有 8+48=56(人)。

4. 井深：31 dm，绳长：102 dm

【思路导航】由图可得绳子三折量井深漏出井外的绳子比二折量井深露出井外的少 20×2−3×3=31(dm)，这是因为少一个井深，所以井深为 31 dm，绳子长为 (31+20)×2=102(dm)。

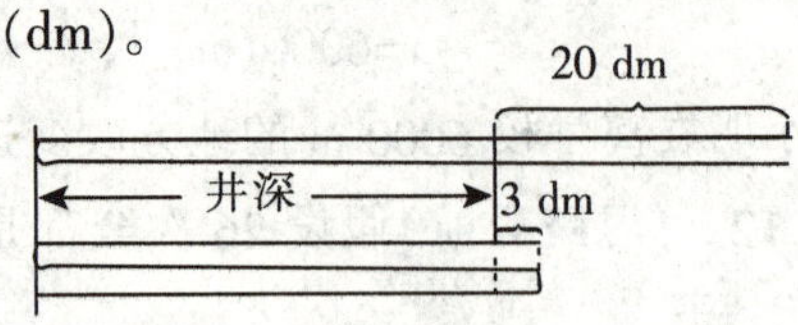

5. 绳长 20 m，水泥柱长 8 m

【思路导航】

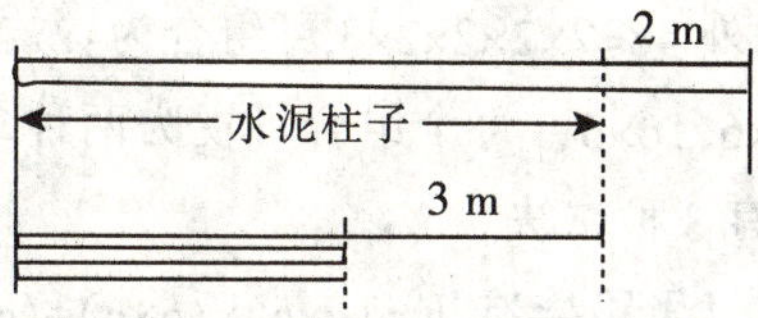

由图可知绳子对折后比水泥柱子的 2 倍长 2×2=4(m),绳子四折后比水泥柱子的 4 倍短 4×3=12(m),两种方式差 4+12=16(m),这是因为四折要比对折多两个水泥柱子的长,则水泥柱子长 16÷(4−2)=8(m),绳长(8+2)×2=20(m)。

6. 油:50 克，瓶:230 克

【思路导航】由题意知,连续倒 8 杯油共重 630 克,比连倒 5 杯油重 630−480=150(克),这是因为多倒入 8−5=3(杯)油,所以一杯油重 150÷3=50(克),油瓶重 480−50×5=230(克)。

第 23 周　分解质因数(一)(基础卷)

1. 6 种　【思路导航】先把 24 分解质因数:24=2×2×2×3。可以看出 24 的约数有 1,2,3,4,6,8,12,24,除去 1 和 24 还有 6 个约数,所以一共有 6 种不同的分法。

2. 10 种　【思路导航】先把 150 分解质因数:150=2×3×5×5,除去 1 和 150 外,可以按 6×25,10×15,30×5,50×3,75×2 排列,因为行数和列数可交换,所以共有 10 种排法。

3. 甲:6　乙:4

【思路导航】先把 24 分解质因数:24=2×2×2×3,由于甲比乙多 2 个苹果,则甲:2×3=6(个),乙:2×2=4(个)。

4. 3 岁　【思路导航】先把 60 分解质因数,进而组合因数,使几个因数为连续的自然数。60=2×2×3×5。3,4,5 刚好为连续的自然数,所以最小的熊猫 3 岁。

5. 4+6+8=18

【思路导航】先把 192 分解质因数,进而组合因数,使三个因数为连续的偶数。192=2×2×2×2×2×2×3,4+6+8=18。

6. 214 m^2　【思路导航】先把 210 分解质因数,再组合因数，使其为三个连续的自然数:210=2×3×5×7,应为:5,6,7。(5×6+6×7+5×7)×2=214(m^2)。

第 23 周　提高卷

1. 8　【思路导航】将原题中的因式分解质因数,发现仅有一个 2 与 5 相乘,而想积的末尾有四个 0,还应有 3 个 2 与 5 相乘,所以括号里最小填 8。(　)×5×3×19×5×5×5×2×3×5,最小应填 2×2×2=8。

2.(39,70,84)(45,56,91)(49,60,78)

【思路导航】将 39,45,49,56,60,70,78,84,91 九个数分别分解质因数,39=3×13,45=5×3×3,49=7×7,84=3×2×2×7,60=2×2×3×5,70=2×5×7,78=2×3×13,91=7×13,56=2×2×2×7。可以看出这 9 个数的因数中共含有3 个 13,6 个 7,3 个 5,6 个 3 和 9 个 2，因为要分三组,每组中含有 1 个 13,1 个 5 和2个 7,2 个 3,3 个 2，经排列可得：第 1 组：39,70,84;第 2 组:78,49,60;第 3 组:91,45,56。

3. 44,45,78,105 和 40,63,65,99

【思路导航】将 40,44,45,63,65,78,99,105 八个数分解质因数,可得 40=2×2×2×5,44=2×2×11,45=3×3×5,63=7×3×3,78=2×3×13,99=3×3×11,65=5×13,105=3×5×7,可以看出,共有 6 个 2,8 个 3,4 个 5,2 个 7,2 个 13 和 2 个 11,因为要分为两组,每组要含 3 个 2,4 个 3,2 个 5,1 个 7,1 个 13 和 1 个 11,经排列可得:第一组:40,65,63,99;第二组:44,45,78,105。

4. 第 3 名,97 分 【思路导航】将 3492 分解质因数,得 $3492=2\times2\times3\times3\times97$,根据常识,可以确定:年龄 $2\times2\times3=12$(岁),第三名,成绩为 97。

5. 12 排 21 座 【思路导航】将 84 分解质因数为:$84=3\times2\times2\times7$,因为最大公约数为 3,则排数和座位数含公约数 3,经组合为:$2\times2\times3=12$,$3\times7=21$,陈老师在第 12 排第 21 座。

6. $174\times32=58\times96$

【思路导航】先将 5568 分解质因数,得 $5568=2^6\times3\times29$,要分成三位数和两位数的乘积,则 $2^5=32$,$2\times3\times29=174$,所以有 $174\times32=5568$;又将 5568 写成两位数与两位数的乘积有 $2^5\times3=96$,$2\times29=58$,所以 $58\times96=5568$。

第 24 周 分解质因数(二)(基础卷)

1. 2 【思路导航】将 48 分解质因数得 $48=2\times2\times2\times2\times3$,由 $A+B=14$,经组合为:$A=2\times2\times2=8$,$B=2\times3=6$ 或 $A=2\times3=6$,$B=2\times2\times2=8$,所以:A 与 B 的差是 2。

2. $\frac{13}{17}$,$\frac{2}{3}$ 【思路导航】两个分数的分子和分母都比较大,不能一眼看出公约数。我们可以先求出分子与分母的差,如果差是质数,就直接用这个质数去约分;如果差是合数,就把这个合数分解质因数,然后用其中的一个质数去约分。$323-247=76$,$76=19\times4$,$\frac{247}{323}=\frac{19\times13}{19\times17}=\frac{13}{17}$,$69-46=23$ 是质数,用 23 约分得:$\frac{46}{69}=\frac{2}{3}$。

3. 5 元 【思路导航】先将 100 分解质因数,$100=2^2\times5^2$,经组合可得 20×5,25×4,所以钢笔的原价为 5 元。

4. 575 【思路导航】将 1150 分解质因数 $1150=2\times5\times5\times23$,除它本身以外的最大的约数为 $5\times5\times23=575$。除它本身以外最大的约数是 575。

5. 8 种 【思路导航】先将 48 分解质因数,除 1 和 48 外 $48=2\times2\times2\times2\times3$,可组合为:$2\times24$,$4\times12$,$8\times6$,$16\times3$,每个组合可视为两种拿法,则共有 8 种拿法。

6. 385 【思路导航】$b^2=(a\times b)\times(b\times c)\div(c\times a)=5\times7\times5\times11\div77=5\times5$,故 $b=5$,由此得 $a=7$,$c=11$,$a\times b\times c=7\times5\times11=385$。

第 24 周 提高卷

1. 3,4,7 【思路导航】先将 84 分解质因数,得:$84=2\times2\times3\times7$,组合成 3 个因数,满足最大的一个数是其他两个数的和,即为:3,4,7。

2. 7,10,13 【思路导航】先把 910 分解质因数,$910=2\times13\times7\times5$,然后组合成三个数,满足三个数依次相差 3,则组合为 7,10,13。

3. 165 和 182 或 154 和 197 【思路导航】先将 30030 分解质因数,$30030=2\times3\times5\times7\times11\times13$,然后将因数组合为 100 到 200 之间的两个因数,为:$3\times5\times11=165$,$2\times7\times13=182$,$3\times5\times13=195$ 和 $2\times7\times11=154$,两个数分别为 165 和 182 或 154 和 197。

4. 15 辆 【思路导航】先把 315 分解质因数:$315=3\times3\times5\times7$,然后将因数组合为两个因数,其中一个数为 10~20 的数,则 $3\times5=15$,$3\times7=21$,有 15 辆卡车,每次运 21 桶汽油。

5. 103 本;1.9 元 【思路导航】先将 319.3 元换成角为单位,即 319.3 元=3193 角,然后把 3193 分解质因数:$3193=31\times103$,因为原价为 5 元,也就是 50 角降价后售价应低于 50 角,所以只能为 31 角,库存 103 本。每本降价 $50-31=19$(角)=1.9(元)。

6. 31 辆,运米 7 次

【思路导航】先将 6727 分解质因数,得:$6727=31\times31\times7$,因为每车装米的袋数与车数相等,而相同的因数只有 31,所以车数 31 辆,运米次数为 7 次。

第 25 周 最大公约数(基础卷)

1. 20 段 【思路导航】要把三根钢管截成相等的小段，每段的长度应该是 200,240,360 的公约数，而要求小段的长度尽可能长，则要求三个数的最大公约数，(200,240,360)=40，所以每段的长度为 40 厘米，一共能截成(200+240+360)÷40=20(段)。

2. 13 个 【思路导航】三批盆景平均分给工人加工，分别剩下 7 个、3 个、5 个，则三批盆景实际加工了 1788−7=1781（个），1680−3=1677(个)，2098−5=2093(个)，三个数都能被工人的人数整除，所以工人人数是 1781,1677 和 2093 的公约数，要求工人最多，则求三个数的最大公约数(1781,1677,2093)=13。所以最多有 13 个工人参加。

3. 0.64 m^2 【思路导航】长方形的水泥地要用正方形格子来铺的话，正方形的边长必须是5.6 和 3.2 的公约数，现要求方格的面积最大，则要求 5.6 和 3.2 的最大公约数。(5.6,3.2)=0.8，因而方格面积为 0.8×0.8=0.64(m^2)。

4. 53 【思路导航】辗转相除法：用 6731 除以 2809,6731 ÷ 2809 =2 …… 1113；用 2809 ÷ 1113=2……583；用 1113 除以 583,1113÷583=1……530；用 583 除以 530,583÷530=1……53；用 530 除以 53 无余数，所以 6731 和 2809 的最大公约数是 53。

5. 159 【思路导航】492,2241,3195 被同一个数除都余 15，则说明 492−15=477,2241−15=2226,3195−15=3180 三个数都能被该数整除。则这个数是 477,2226 和 3180 三个数的公因数，要求这个数最大是多少，即求(477,2226,3180)=159。所以这个数最大是 159。

6. 四组 6937,6937 ×14；6937 ×2,6937 ×13；6937×7,6937×8；6937×4,6937×11

【思路导航】先用两数之和 104055 除以它们的最大公约数 6937 得 15，再将 15 拆分成互质的两个数，可以分为 1 和 14,2 和 13,4 和 11,7 和 8，共四组，所以这样的两个数共有四组，分别是 6937 和 6937×14；6937×2和 6937 ×13；6937 ×4 和 6937 ×11；6937 ×7 和 6937×8。

第 25 周 提高卷

1. 24 【思路导航】尽可能大的整数除 265,365,607 三数分别余 1,5,7，则 265−1=264,365−5=360,607−7=600，三数可以被这个数整除，即该数为 264,360,600 三数的公约数，要求最大，为最大公约数，(264,360,600)=24。所以这个除数是 24。

2. 60 棵，28 m 【思路导航】根据题意知两棵树之间的距离相等且要求最大，则要求 532 和 308 的最大公约数，(532,308)=28(m)，所以两棵树之间的距离为 28 m。要求四角都植树，则四角共植树 4 棵，长边的两棵树之间还可植树 532÷28−1=18(棵)，宽的两棵树之间可植树 308÷28−1=10(棵)，故四周共植树(18+10)×2=56(棵)，再加上四角植的 4 棵树，一共能植树 56+4=60(棵)。

3. 8 个 【思路导航】上学期，如果整数间的宿舍都住满的话，可以住 208+4×2=216(人)，下学期如果整数间的宿舍都住满的话可入住 350+2=352(人)，216 和 352 都是宿舍铺位数的倍数，即宿舍铺位数是 216 和 352 的公约数，要求每间宿舍最多有多少铺位，则要求 216 和 352 的最大公约数，(216,352)=8，所以每间宿舍有 8 个铺位。

4. 29 株 【思路导航】要三条边上等距离，且距离尽量大，即要求 56、36、24 的最大公约数。(56,36,24)=4，(56+36+24)÷4=29(株)。

5. 45 m 【思路导航】由于甲、乙两村和乙、丙两村的中点都要栽上树，也就相当于把 450÷2=225，630÷2=315(m)平均分成若干段，并且使每段尽可能长，因此每段的长度是 225 和 315 的最大公约数。(225,315)=45(m)。

6. 0.6 m，91 根 【思路导航】要使截下的铁丝一样长，要求 12,18 和 24 的公约数，要使截下的铁丝最长，则求 12,18 和 24 的最大公约数，(12,18,24)=6，每根铁丝长 6 dm=0.6 m，一共可以截 12÷6×12+18÷6×9+24÷6×10=91(根)。

第 26 周 最小公倍数(一)(基础卷)

1. (13,78)或(26,39)

【思路导航】根据“两个数的最大公约数与最小公倍数的乘积等于这两个数的积，可先求出两个数的乘积，再把这个积分解成两数。

根据题 $\begin{array}{r|ll} 13 & a & b \\ \hline & a_1 & a_2 \end{array}$，$a_1a_2$=78÷13=6=1×6=2×3，所以这两个数分别是 26 和 39 或 13 和 78。

2. 28，42 【思路导航】同上题，$\begin{array}{r|ll} 14 & a & b \\ \hline & a_1 & b_1 \end{array}$，$a_1b_1=ab$÷14=84÷14=6=1×6=2×3，由于两数的差是 14，所以这两个数分别为 28 和 42。

3. 32 【思路导航】根据题意：$\begin{array}{r|ll} 4 & a & b \\ \hline & a_1 & b_1 \end{array}$，$a_1b_1$=288÷4=72=8×9(互质)，当 $a_1=8,b_1=9$ 时，乙数为 32，甲数为 36。

4. 35 【思路导航】先将 1295,222 分解质因数：1295=5×7×37，222=2×3×37，观察两者都有公因数 37，若某数乘 222 积为 1295 的倍数，222 至少要乘 5×7=35。

5. (50,75)或(25,100)

【思路导航】先用 125 除以两个数的最大公约数 25，得 125÷25=5。再将 5 分成两个互质的数：5=2+3=1+4。所以这两个数可以为 25×2=50 和 25×3=75；也可为 25×1=25 和 25×4=100。

第 26 周 提高卷

1. 60 分 【思路导航】由题意可知，三种马绕马场跑一圈所用时间分别为 20 分，15 分和 12 分，第一次相遇即求 20,15 和 12 的最小公倍数：7920÷396=20(分)，7920÷528=15(分)，7920÷660=12(分)，[20,15,12]=60(分)。

2. 84 cm 【思路导航】仓储箱的底面边长应是 21,12,14 和 10.5 的公倍数，“至少”要求它们的最小公倍数：[21,12,14,10.5]=84(cm)。

3. 273 块 【思路导航】正方形地面的边长应是 42 和 26 的公倍数，至少需要多少砖，则求 42 和 26 的最小公倍数。需要砖数为：[42,26]=546 (cm)，(546÷42)×(546÷26)=273(块)。

4. 180 m 【思路导航】先求 45 和 60 的最小公倍数为 180，所以从起点的一根不动，再过 180 m 又有一根不需要移动。

5. 第一道工序：14 人，第二道工序：21 人，第三道工序：24 人

【思路导航】三道工序完成某种零件，则零件的个数为 48,32,28 的公倍数，“至少”要求它们的最小公倍数为 672，所以每道工序需完成 672 个零件，第一道工序需要工人 672÷48=14(人)，第二道工序需要 672÷32=21(人)，第三道工序需要 672÷28=24(人)。

6. 301 个 【思路导航】120 米=12000(cm)，父亲的脚印有 12000÷80+1=151(个)，儿子的脚印共有 12000÷60+1=201(个)。但父与子有一些脚印是重合的，由于[80,60]=240，即每隔 240 cm 就有一个重合的脚印，因此共有 12000÷240+1=51(个)重合的脚印。151+201−51=301(个)，所以雪地上共留下了 301

个脚印。

第 27 周　最小公倍数(二)(基础卷)

1. 7 根　【思路导航】这排电线杆共长 45×(25-1)=1080(m),从路的一端开始,是 45 和 60 的公倍数处的一根就不必移动,因为 45 和 60 的最小公倍数是 180,从第一根开始,每隔 180 m 就不必移,1080÷180=6,后面还有 6 根不动,再加上起始的 1 根,共有 7 根不动。

2. 15 元　【思路导航】先求 6 和 10 的最小公倍数,假设奖金共 30 元,只分给甲组,30÷10=3(人),分给甲、乙两组 30÷6=5(人),则乙组有 5-3=2(人),若只分给乙组,则 30÷2=15(元)。

3. 704 人　【思路导航】每队人数减 8 即可被 12 或 14 整除,即每队人数减 8 为 12 和 14 的公倍数,先求 12 和 14 的最小公倍数为 84,84+8 不能被 8 整除,则将 84×2+8 可被 8 整除,176×4=704(人),不满千人满足题意。

4. 10 棵　【思路导航】先考虑一侧,从路的一端开始,是 4 和 6 的公倍数处的那一棵树不必移,因为 4 和 6 的最小公倍数是 12,从第一棵开始,每隔 12 m 就不必移,48÷12=4,再加上开头一棵,为 4+1=5(棵),路的两侧一共有 5×2=10(棵)。

5. 2521 个　【思路导航】这堆橘子的个数减1,即为 10,9,8,7 的最小公倍数 2520,所以这堆橘子至少 2521 个。

6. 383　【思路导航】被除数减 5 后即为 18,27,7 的最小公倍数,而 18,27,7 的最小公倍数为 378,所以被除数为 378+5=383。

第 27 周　提高卷

1. 大齿轮转 4 圈,小齿轮转 11 圈

【思路导航】先求 132 和 48 的最小公倍数为 528,即任一对齿从第一次接触到第 528 个齿第二次接触。两个齿轮各要转动:大齿轮 528÷132=4(圈),小齿轮 528÷48=11(圈)。

2. 6.90 元,3.60 元　【思路导航】3.30 元=330 分,0.45 元=45 分,0.80 元=80 分,330 不是 45 的倍数,也不是 80 的倍数,所以应当是 45 的倍数与 80 的倍数的和。因为 330=2×45+3×80,那么张家应交电费:0.45×10+0.80×3=6.90(元),李家应交电费 6.90-3.30=3.60(元)。

3. 3 或 9　【思路导航】由题意可知,五位数 234(　)6,被 3 或 4 都能整除,以这个五位数是 3 和 4 的公倍数。先求[3,4]=12,由五位数的末位数为 6 可得 (　)6 能被 12 整除,由 12×3=36,12×8=96 可知(　)所代表的数字是 3 或 9。

4. 59 人　【思路导航】由题意知该班的人数被 3 除余 2,被 4 除余 3,被 5 除余 4,被 6 除余 5, 则该班的人数加 1 可被 3,4,5,6 整除。先求 3,4,5,6 四个数的最小公倍数[3,4,5,6]=60,所以该班人数为 60-1=59(人),不超过 100 人。

5. 5 棵　【思路导航】从第 1 棵树到第 21 棵树,间距为 4×(21-1)=80(m),从第一棵树开始,是 4 和 5 的公倍数处的那一棵就不必移动,因为 4 和 5 的公倍数是 20,所以从第一棵树开始,每隔 20 m 就有一棵不必移动,80÷20=4,再加上第 1 棵,共有 4+1=5(棵)不必拔掉。

6. 旧楼 7 层,新楼 8 层

【思路导航】先求 280 和 320 的最小公倍数为 2240, 两楼在 2240 cm 的高度天花板相互齐平,根据其层高,可确定:2240÷280=8(层),2240÷320=7(层),新楼第 8 层和旧楼第 7 层的天花板相互齐平。

第 28 周　行程问题(一)(基础卷)

1. 1400 m 【思路导航】

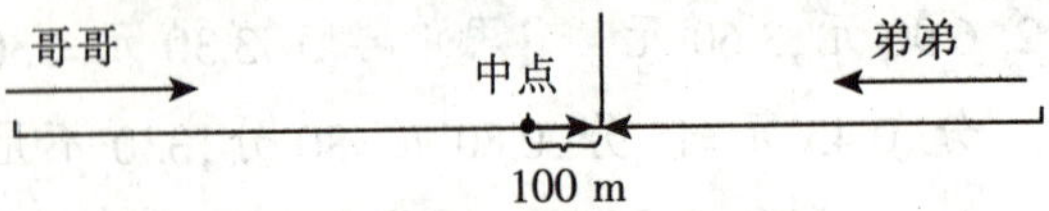

两人在距中点 100 m 处相遇,由于哥哥的速度大于弟弟的速度,所以相遇时,哥哥应行了全程的一半多 100 m,弟弟行了全程的一半少 100 m,因此两人相遇时,哥哥比弟弟多行 200 m,因为哥哥每分钟比弟弟多行 20 m,所以相遇时各行 200÷20=10（分），全程共有 (80+60)×10=1400(m)。

2. 650 m 【思路导航】货车到达中点时,与客车距 75 km,说明货车比客车多行 75 km。货车比客车每小时多行 65−50=15(km),所以货车到中点时,客车、货车各行 75÷15=5(时),则两地的距离为 65×5×2=650(km)。

3. 3000 m 【思路导航】甲比乙早 5 分钟到达,说明甲到达时,乙相距甲有 100×5=500(m),甲、乙同时同向行驶,但甲比乙每分钟多行驶 120−100=20(m),500÷20=25(分),25 分钟甲比乙多行 500 m，即甲行驶 25 分钟到达终点,路程为 120×25=3000(m)。

4. 43 km 【思路导航】

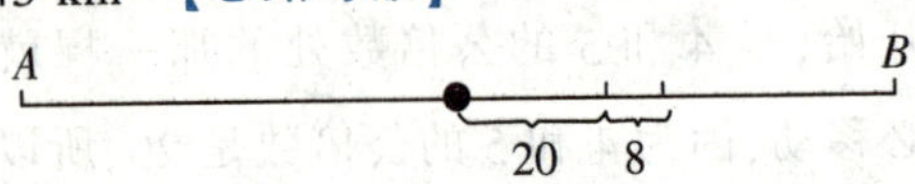

A 车 4 小时行驶了 55×4=220(km),超过中点 20 km,*A*、*B* 距 8 km,可得 *B* 车行驶 220−20−20−8=172（km),*B* 车每小时行 172÷4=43(km)。

5. 2 小时 【思路导航】汽车 3 小时行驶 40×3=120(km),比全程的一半多 8 km,全程的一半为 120−8=112(km),则剩下 112−8=104(km),剩下的路程以每小时 52 km 的速度行驶,104÷52=2(时),再行 2 小时到达乙地。

6. 4 棵 【思路导航】每人植 3 棵树,52 人共植树 52×3=156,比一半多 52 棵,所以一半为 156−52=104(棵),共有 104×2=208(棵),52 人植,平均每人植 208÷52=4(棵)。

第 28 周　提高卷

1. 50 m 【思路导航】二人相遇时,父比子多行 350×2=700(m),说明二人已行 700÷20=35(分),说明父亲返回行了 35−30=5(分),行了 350 m,所以父亲的速度为 350÷5=70(m),儿子每分钟行 70−20=50(m)。

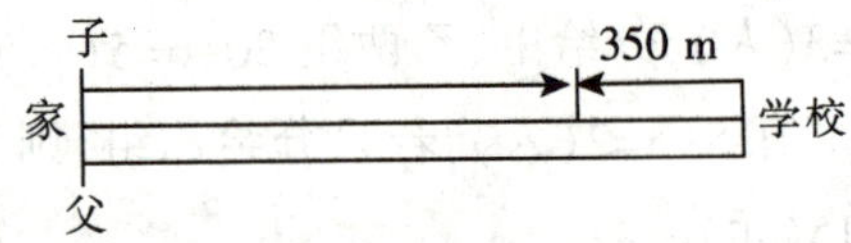

2. 150 km 【思路导航】通信员的速度每小时 15 km,而他所行的时间就是甲、乙两队从出发到相遇这段时间,100÷(7+3)=10(时),通信员一共走 15×10=150(km)。

3. 10 km/h

【思路导航】甲乙两人从出发到相遇用时为 44÷(5+6)=4(时),而丙用时为 4−2=2(时),丙行驶的路程与甲行驶的路程一样 5×4=20(km),所以丙的速度为 20÷2=10(km/h)。

4. 甲队:6.5 km/h,乙队:5.5 km/h

【思路导航】李明每小时行 12 km,则行 60 km 需要 60÷12=5(时),这说明甲、乙两队从出发到相遇共行 5 小时，两地共距 60 km,则甲乙两队每小时共行 60÷5=12(km),其中甲队比乙队每小时多行 1 km，则甲队每小时行 (12+1)÷2=6.5(km),乙队每小时行 6.5−1=5.5(km)。

第 29 周　行程问题(二)(基础卷)

1. 1.25 时 【思路导航】中巴先开 30 分钟,则领先轿车 60×0.5=30(km),但由于轿车比中巴每小时快 84−60=24(km),30÷24=1.25(时),

所以经过 1.25 小时轿车能追上中巴车。

2. 5 分 【思路导航】开始时，A 落后 B 100 m，但由于 A 每分钟比 B 快 20 m，100÷20=5（分），则 5 分钟后 A 追上 B。

3. 90 km 【思路导航】甲先行 1 小时领先乙 15 km，但乙的速度比甲每小时快 3 km，15÷3=5(时)，乙追上甲，同时到达 B 村，A、B 两村相距 18×5=90(km)。

4. 135 km 【思路导航】按原计划 360÷45=8(时)到达上海，由于故障修车 2 小时，车就少行 45×2=90(km)，修车后为了按时到达乙地，每小时多行 75−45=30(km)。90 km 包含 3 个 30 km，也就是说，修车后再行 75×3=225(km)就达，离南京 360−225=135(km)处出了故障。

5. 600 m 【思路导航】由题意知，小明家离学校 3 km=3000 m，以每分 200 m 的速度要行 3000÷200=15(分)，路上耽误了 4 分钟，这 4 分钟按每分钟 200 m 的速度可行 200×4=800(m)，因为要准时到校，他后面的路每分提速 100 m，需要 8 分钟(800÷10=8)才能弥补路上因耽误 4 分钟而落下的路程。所以小明是在 15−8−4=3(分)时遇阻碍的，这时离家 200×3=600(m)远。

6. 每小时 90 km 【思路导航】甲乙两地相距 45×4=180(km)，汽车出发 1 小时后又返回甲地用去 2 小时，还有 2 小时必须到达乙地，速度为 180÷2=90(km/h)。

第 29 周 提高卷

1. 5 分钟 【思路导航】哥哥走了 10 分钟后又返回原地用了 10 分钟，取东西用去 5 分钟，共 25 分钟，这个过程弟弟比哥哥多行 60×25=1500(m)，后哥哥以比弟弟每分钟多 300 m 的速度追，1500÷300=5(分)。

2. 2.5 小时 【思路导航】因修车停下 1.5 小时，使乙车比甲车多行 40×1.5=60(km)，但甲车比乙车每小时多行 60−40=20(km)，开始 0.5 小时，甲车比乙车多行 20×0.5=10(km)，则甲车修好车继续行时，两车相距 60−10=50(km)，经过 50÷20=2.5(时)甲车追上乙车。

3. 240 件 【思路导航】徒弟早工作 2 小时可以多生产 15×2=30(件)，而师傅比徒弟每小时多生产 20−15=5(件)，若师傅徒弟加工同样多，则 30÷5=6(时)，师傅要加工 6 小时。15×2÷(20−15)=6(时)，20×6×2=240(件)。

4. 72 分 【思路导航】乙从甲的身后追上甲，说明乙至少比甲多走一圈，即多走 720 m，而乙比甲每分钟多行 65−55=10(m)，720 m 需要 72 分钟，720÷10=72(分)。

5. 兄：每分钟 70 m；弟：每分钟 30 m

【思路导航】10 分钟哥比弟多行 400 m，则每分钟哥比弟多 400÷10=40(m)，而两人相向 4 分钟相遇，则两人速度之和为 400÷4=100(米/分)，由此可知，兄弟二人的速度分别为：兄(100+40)÷2=70(米/分)，弟：70−40=30(米/分)。

6. 6650 m 【思路导航】父母相遇了 3 分钟后父亲与小孩相遇，说明父母相遇时，母亲比儿子多行(100+75)×3=525(m)，母亲每分钟比儿子多行 90−75=15(m)，525÷15=35(分)，父母经过 35 分钟相遇，说明 A、B 之间距离(100+90)×35=6650(m)。

第 30 周 行程问题(三)(基础卷)

1. 2 小时 【思路导航】客车行驶半小时后两车相距 272−64×0.5=240(km)，后客、货两车相向而行，速度之和为 64+56=120(km)，行驶 240÷120=2(时)后相遇。

2. 9 分钟 【思路导航】甲 5 分钟行 120×5=600(m)，此时甲乙两人相距 1980−600=

1380(m),两人相向而行,速度和为 120+225=345(米/分),1380÷345=4(分),4+5=9(分),甲出发 9 分钟后和乙相遇。

3. 446 km 【思路导航】客车行驶了 4.5 小时,货车行驶了 4.5-0.5=4(时),各行路程 68×4.5=306(km),35×4=140(km),则甲、乙两地的距离为 140+306=446(km)。

4. 180 km 【思路导航】返回时速度是去时的速度的 60÷40=1.5(倍),路程是相同的,故去时用的时间是返回用的时间的 1.5 倍,7.5÷(1+1.5)=3(时),3×1.5=4.5(时),A、B 两地的距离为 40×4.5=180(km)。

5. 60 km 【思路导航】顺水的速度是逆水时速度的 15÷12=1.25(倍),故逆水用的时间应该是顺水所用时间的 1.25 倍。顺水:9÷(1+1.25)=4(小时),轮船最多行 4×15=60(km)。

6. 25 分钟 【思路导航】设经过 x 分钟 B 地在甲、乙两人的中点上,即甲距 B 的距离等于乙超过 B 的路程,即 $1000-35x=45x-1000$,$x=25$,经过 25 分钟 B 地在甲、乙两人的中点上。

第 30 周 提高卷

1. 2 年 【思路导航】解:设经过 x 年后,老师的年龄是学生的 3 倍。
$(12+x)\times3=40+x \quad x=2$(年)

2. 480 km 【思路导航】快车到达西站,慢车距西站还有 80 ×2=160(km),这是由于快车每小时比慢车多行 120-80=40(km),则快车需 160÷40=4(小时)到达西站。东西两站相距 120×4=480(km)。

3. 1008 km 【思路导航】快车因故停留 2 小时,说明如果快车不停留,则比慢车多行 63×2=126 (km),而快车比慢车每小时多行 63-56=7(km),则实际快车行了 126÷7-2=16(时),A、B 两地相距 63×16=1008(km)。

4. 40.5 秒 【思路导航】前一半时间每秒跑 5 m,后一半时间每秒跑 4 m,平均速度为(4+5)÷2=4.5(m),跑完全程所需时间405÷4.5=90(秒),所以一半时间为 45 秒,一半路程为 405÷2=202.5(m),而一半时间跑 5×45=225(m)>202.5 m,故他跑一半路程时一直以 5 m 的速度,则他跑一半路程用时 202.5÷5=40.5(秒)。

5. 84 秒 【思路导航】小明在 360 m 长的跑道上跑个来回,共跑 360×2=720(m),一半时间每秒跑 6 m,一半时间每秒跑 4 m,则他一半时间为 720÷(6+4)=72(秒),前一半时间行 72×6=432(m),大于 360 m,说明他已经返回,而且开始以 6 米/秒的速度跑,返回已经用时间(432-360)÷6=12(秒),剩下的一半时间是 72 秒,则返回时用 12+72=84(秒)。

6. 46 km 【思路导航】他的前一半时间即 2.5 小时每小时行 36 km,行的路程为 36×2.5=90(km),剩下的路程用 2.5 小时行完,则速度为(205-90)÷2.5=46(km/h)。

期中测试(二)

1. 1296 km 【思路导航】快车中途停车 3 小时,这段时间慢车行了 48×3=144(km),由于快车比慢车每小时多行 54-48=6(km),快车行了 144÷6=24 (时),A、B 两地间距离为 54×24=1296(km)。

2. 40 分钟 【思路导航】由题意知,乙的速度介于甲和丙之间,假设 x 分钟后,乙走到甲、丙之间的中点处,即乙比甲多行的路程等于乙和丙之间的路程。$60x-55x=5400-70x-60x$, $x=40$(分)。

3. 700 km 【思路导航】设甲乙两地相距 x,则慢车的速度可表示为 $\frac{x}{10}$,快车的速度为 $\frac{x}{7}$,经过 3.5 小时两车各行 $\frac{3.5x}{10}+15\times3.5$ 和 $\frac{3.5x}{7}$

$+15\times3.5$,列方程:$\frac{3.5x}{10}+\frac{3.5x}{7}+(15\times2)\times3.5=x$,解得 $x=700$(km)。

4. 12 块 【思路导航】两端之间有 53 块,则有(53+1)个间距为 45 m 的距离,总长为 45×(53+1)=2430 (m),45 和 60 的最小公倍数为 180,则从第 1 块广告牌开始,180 m处的广告牌不必移,2430÷180=13.5,还要减去两端的不移,13−1=12(块)。

5. 10 m 或 5 m 【思路导航】400÷16=25(面),400÷5=80 (m),每两面彩旗之间的距离缩短。16 和 10 或 5 的最小公倍数为 80。现在彩旗的间隔为 10 m 或 5 m。

6. 216 块 【思路导航】正方体的棱长应该是长方体的长、宽、高的公倍数,要求至少要用多少块,也就要使正方体的棱长正好是长方体的长、宽、高的最小公倍数。因为[9,6,4]=36,所以正方体的棱长最小为 36 cm,(36÷9)×(36÷6)×(36÷4)=216(块),答:至少要用这样的木块 216 块。

7. 200 m 【思路导航】A、B 相距 1800 m,乙和丙相遇时,所用时间为 1800÷(80+100)=10(分),此时甲落后于乙(80−60)×10=200(m)。

8. 40 人 【思路导航】两个班人数一样多,第一个班去掉 15 人,第 2 个班去掉 35 人,则第一个班比第二个班剩下的多 20 人,此时第一班是第二个班的 5 倍,即多 4 倍,此时第二个班的人数为 20÷4=5 (人),原有 5+35=40(人)。

9. 103 支;0.31 元 【思路导航】将 31.93 元化成3193 分,把 3193 分解质因数 3193=103×31,而原来售 5 角即 50 分,降价后,则:铅笔 103 支,每支 0.31 元。

10. 每秒钟 16 m 【思路导航】设火车的速度为 x 米/秒,因为火车的长度一定,则 $9\times(x+10)=39\times(x-10)$ $x=16$(米/秒)。

11. 12 分钟 【思路导航】王老师从队尾追到排头,比队伍多行一个队伍的长度,即多行 300 m,每秒比队伍多行 1.5−1=0.5(m),所用时间为 300÷0.5=600(秒),而从队伍的排头返回队尾时,王老师和队伍共行 300 m,速度之和为 1.5+1=2.5(m),所用时间为 300÷2.5=120(秒),总共花 120+600=720(秒)=12(分)。

12. 1.8 km 【思路导航】甲行完全程要 24 分钟,则 14 分钟可行全程的 $\frac{14}{24}$,剩下 $1-\frac{14}{24}=\frac{10}{24}$,由乙来行,已知乙每分行 60 m,14 分钟行 60×14=840 (m),比全程的 $\frac{10}{24}$ 还多 90 m,则全程为 $(840-90)\div\frac{10}{24}=1800$(m)=1.8(km)。

13. 3480 m 【思路导航】甲每分多行 12 m,乙少行 8 m,则甲、乙的速度之和多 12−8=4(米/分),29 分钟多行 4×29=116(m),而时间少用 30−29=1(分),说明原来甲乙两人的速度之和为 116 米/分,两地的路程为 116×30=3480(m)。

第 31 周 行程问题(四)(基础卷)

1. 156 km 【思路导航】解:设在普通公路上行驶 x 小时,$110\times(5-x)+60x=420$ $x=2.6$
60×2.6=156(km)。

2. 1000 m 【思路导航】解:设冬冬以每分钟 200 m 的骑车速度行驶了 x 分钟,$200x+250\times(15-x)=3200$ $x=11$ 250×(15−11)=1000(m)。

3. 30 棵 【思路导航】解:设小明植树 x 小时,则爸爸植树 $(8-x)$ 小时,由题意得
$6x+10\times(8-x)=60$ $x=5$
所以小明植树 6×5=30(棵)

4. 1040 km 【思路导航】

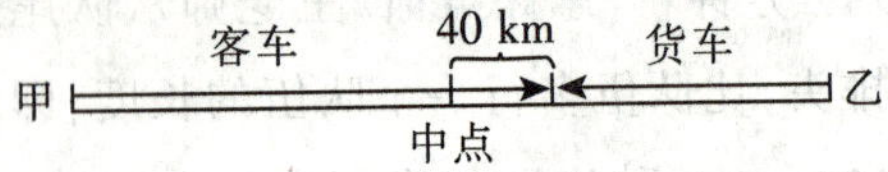

由图可以看出客车和货车相遇时，客车比货车多行 40×2=80(km)，客车每小时行 56 km，比货车每小时多行 56−48=8(km)，要多行 80 km，则行了 80÷8=10(时)，即两车行驶了 10 小时后相遇，甲、乙两车站相距 (56+48)×10=1040(km)。

5. 330 km 【思路导航】第二次相遇时快车比慢车多行 210 km，而快车比慢车每小时多行 100−65=35(km)，则经过 210÷35=6(时)两车第二次相遇。而第二次相遇时，两车共行了 3 个甲乙之间的距离。甲乙相距 (65+100)×6÷3=330(km)。

6. 甲：102 千米/时，乙：78 千米/时

【思路导航】两车第二次相遇时，共行 3 个两站间的路程，即 300×3=900(km)，用了 5 小时，则甲乙的速度之和为 900÷5=180(千米/时)，甲比乙每小时多行 120÷5=24(km)，则甲：(180+24)÷2=102(千米/时)，乙：102−24=78(千米/时)。

第 31 周 提高卷

1. 15 m 【思路导航】假设乙队每天修 x m，则甲队每天修 $(x-3)$m，甲修 12 天，乙修 8 天，甲乙共修 264 m，列方程求解。

$8x+12\times(x-3)=264$ $x=15$(m)

2. 师：100 个；徒：80 个

【思路导航】解：设徒弟每分钟做 x 个零件，

$(x+20)\times15+10x=2300$ $x=80$(个)

师：80+20=100(个)

3. 10 千米/时 【思路导航】甲、乙相遇时甲行 45 km，用时 45÷15=3(时)，乙行了 15×2=30 km，则乙的速度为 30÷(45÷15)=10(千米/时)。

4. 5.25(时)

【思路导航】

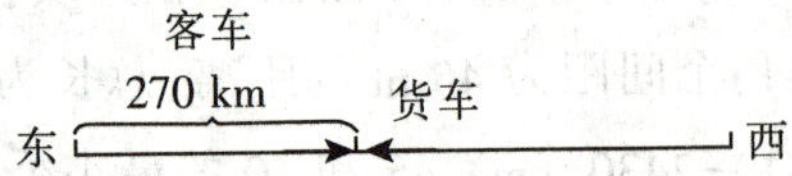

如图所示，两车相遇时，客车已经行了 270 km，而客车还要行 4 小时到达西站，则相遇地点距西站还有 90×4=360(km)，两车相遇时，客车行驶了 270÷90=3(时)，而货车 3 小时行驶了 360 km，则货车每小时行 360÷3=120(km)，从相遇地点到东站，货车还要行驶 270÷120=2.25(时)，所以货车行驶完全程所用的时间为 3+2.25=5.25(时)。

5. 2.5 时 【思路导航】如果来往都打的需 30 分钟=0.5 小时，则单程打的只需 0.5÷2=0.25(时)，可知单程骑自行车需 1.5−0.25=1.25(时)，则往返都骑自行车要用 1.25×2=2.5(时)。

6. 216 km 【思路导航】回来的时间为：15÷(1+1.5)=6(时)，去的时间为：6×1.5=9(时)

解：设去时速度为 x km

$(x+12)\times6=9x$ $x=24$

两地的距离为：24×9=216(km)。

第 32 周 算式谜(基础卷)

1. 285714 【思路导航】

$$\begin{array}{r} 2\ A\ B\ C\ D\ E \\ \times\quad\quad\quad\quad 3 \\ \hline A\ B\ C\ D\ E\ 2 \end{array}$$

可得 $E\times3=12,E=4;D\times3+1=4,D=1;C\times3=21,C=7;B\times3+2=17,B=5;A\times3+1=25,A=8$，所以该六位数 285714。

2. 15384 【思路导航】6×4=24，学=4；4×4+2=18，数=8；8×4+1=33，市=3；3×4+3=15，通=5；5×4+1=21，南=1，五位数是 15384。

3. 142857 【思路导航】尝试法，当“学”为 7 时

可以推导下去。答案为 142857。

4. 3143×97

5. 1679×41

第 32 周　提高卷

1. 96780÷12=8065 或 80110÷10=8011

2. 341×0+2+7=9(答案不唯一,符合题意均可)

3.

	82	
91	30	65
	74	

4. 461538　【思路导航】$z=8$,$y=3$,$x=5$,$c=1$,$b=6$,$a=4$。

5.

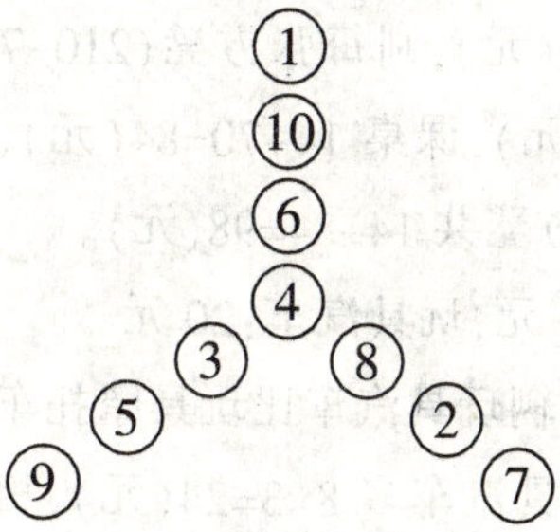

6. 4+5=9,8-7=1,6÷2=3

第 33 周　包含与排除(基础卷)

1. 28 人　【思路导航】语文获优的 87 人,数学获优的 109 人,中间重叠部分表示数学和语文都获优的人,87+109=196(人),比总数多 196-168=28(人),这 28 人就是数、语都获优的。

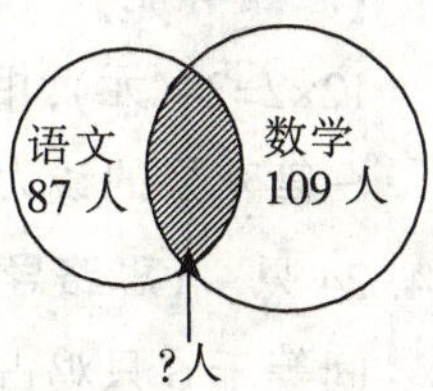

2. 10 人　【思路导航】56 名学生中获得满分的学生有 56-18=38(人),第一次获满分和第二次获满分的共有 25+23=48(人),比总数多 48-38=10(人),这 10 人就是两次测验中都得满分的人。

3. 19 名　【思路导航】懂英语和懂日语的老师共 15+12=27(人),其中两种语言都懂的 8 人,被算了两次,该组共有教师 27-8=19(名)。

4. 53 人　【思路导航】语文获优的 28 人,数学获优的 30 人,共有 58 人,其中获双优的 13 人,则获优的总人数为 58-13=45(人),未获优的有 8 人,这个班共有 45+8=53(人)。

5. 7 人　【思路导航】至少一道题做对的有 20-2=18(人),做对第一题的有 10 人,做对第二题的有 15 人,共有 25 人,比总数多 25-18=7(人),这 7 人是两题都做对的人。

6. 16 人　【思路导航】懂日语的 58 人,懂英语的 60 人,两种语言都懂的有 34 人,被统计了两次,则至少懂其中一门的有 58+60-34=84(人),则英语、日语都不懂的人有 100-84=16(人)。

第 33 周　提高卷

1. 31 人

【思路导航】45+42-56=31(人)。

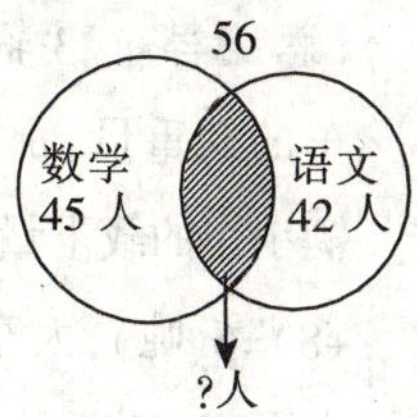

2. 4 人　【思路导航】获第一的 12 人,获第二的 11 人,共 23 人,其中有 9 人两个名次都取得,重复计了一次,则获第一名和第二名的人数为 23-9=14(人),那么既没取得第一名,也没取得第二名的就有 18-14=4(人)。

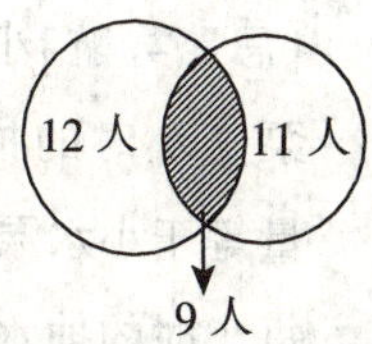

3. 25 人　【思路导航】参加足球赛的 20 人,乒乓球赛的 18 人,两种比赛都参加的人被统计了两次,20+18=38(人),比总人数多 13 人,则参加比赛的总人数为 38-13=25(人)。

4. 45 人　【思路导航】懂英语的 65 人,懂日语 35 人,比总数 80 多 65+35-80=20(人),这 20 人就是懂两种语言的,被统计了两次,则只懂英语的有 65-20=45(人)。

5. 39 人　【思路导航】同上题。

60+73-112=21(人),60-21=39(人)。

6. 12 人 【思路导航】56-28-16=12(人)

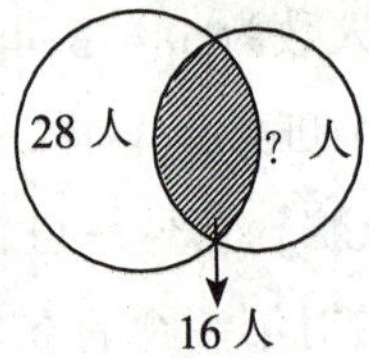

第 34 周 置换问题(基础卷)

1. 苹果:3 元，梨:2.4 元

【思路导航】2 千克苹果与 2.5 千克的梨的价钱相等,那么 10 千克苹果的价钱与 10×(2.5÷2)=12.5(千克)的梨价钱相等,66÷(12.5+15)=2.4 (元) 为梨的单价，苹果的单价为 2.4×2.5÷2=3(元)。

2. 大车:8 吨，小车:6 吨

【思路导航】3 辆大车的载重量等于 4 辆小车的载重量,那么 6 辆大车的载重量等于 8 辆小车的载重量,则小车的载重量为 108÷(10+8)=6(吨),大车的载重量为 6×4÷3=8(吨)。

3. 大泵:30 吨，小泵:12 吨

【思路导航】小水泵 5 小时抽水量等于大水泵 2 小时的抽水量,则大水泵 4 小时抽水量等于小水泵 10 小时的抽水量。则小水泵每小时的抽水量为 156÷(10+3)=12(吨),大水泵每小时的抽水量为 12×5÷2=30(吨)。

4. 快车:每小时 56 km，慢车:每小时 48 km

【思路导航】快车 6 小时路程等于慢车 7 小时的路程,则快车行 12 小时的路程等于慢车 14 小时的路程,则慢车的速度为 864÷(14+4)=48(千米/时),快车的速度为 48×7÷6=56(千米/时)。

5. 父亲:15 棵，儿子:12 棵

【思路导航】父亲 4 小时植树棵数等于儿子 5小时植树棵数,则父亲植树 20 小时等于儿子 25 小时植树的棵数,则儿子每小时植树 396÷(25+8)=12(棵),父亲每小时植树:12×5÷4=15(棵)。

6. 15(时) 【思路导航】由题意知,小水泵 9-3=6(时)抽的水等于大水泵 5-3=2(时)抽的水,即 6÷2=3,大水泵 1 小时抽的水等于小水泵 3 小时抽的水。则全都由小水泵抽需 5×3+3=18(时),大水泵抽 1 小时后小水泵抽 18-3=15(时)。

第 34 周 提高卷

1. 98 元 【思路导航】由题意知一课桌比一方凳多 280-210=70(元),2 张课桌比 2 张方凳多 70×2=140(元),则每张方凳(210-70×2)÷(2+3)=14(元),课桌 14+70=84(元),一张课桌和一只方凳共 14+84=98(元)。

2. 玩具摩托车:12 元,玩具汽车:20 元

【思路导航】每辆玩具汽车比玩具摩托车贵 8 元,则 3 辆玩具汽车多 8×3=24(元),相等于 5-3=2(辆)玩具摩托车的单价,则玩具摩托的单价为 24÷2=12(元),玩具汽车的单价为 12+8=20(元)。

3. 梨:24 元,苹果:36 元

【思路导航】一筐苹果贵 12 元,两筐苹果贵 12×2=24(元),相当于 3-2=1(筐)梨的价钱,一筐苹果的钱为 24+12=36(元)。

4. 24 只 【思路导航】由题意知 4 只鹅占的空间等于 6 只鸡占的空间,则 9 只鸡占的空间相当于 9÷6×4=6(只)鹅的空间,一共可装 18+6=24(只)鹅。

5. 9 条 【思路导航】由题意知 8-6=2(条)裤子的价钱与 12-4=8(件)上衣的价钱相等。则 8 条裤子的价钱等于 8÷2×8=32(件)上衣的价钱,则全批发上衣可批发 4+32=36(件),全批发裤子可批发 36÷8×2=9(条)。

6. 18 袋 【思路导航】3 袋大米占地等于 5 袋面粉占地,则全放大米,可放 25÷5×3+12=

27(袋),全放面粉,可放 25+12÷3×5=45(袋),全放面粉比全放大米可多放 45－27=18(袋)。

第 35 周 估值问题(基础卷)

1. 2.528 【思路导航】从近似数的乘除法计算法则中可知,把已知数中有效数字的个数多的四舍五入到只比结果中需要的个数多一个,除法计算要比结果多算出一位,把算的结果四舍五入到应有的有效数字的个数。因此可将被除数和除数同时保留五位。原式≈31211÷12345≈2.5282≈2.528,商保留小数点后三位为 2.528。

2. < 【思路导航】同上。3222÷1212≈2.66,6543÷2123≈3.08,所以填“<”。

3. 1 【思路导航】根据乘法的分配律把两边的算式展开。原式=(465849+1)×465850−465849×(465850+1)=465850−465849=1。

4. > 【思路导航】左边=(34785+1)×58796=34785×58796+58796,而右边=34785×(58796+1)=34785×58796+34785,所以填“>”。

5. D 【思路导航】A.207.5÷5 B.2075÷5 C.20750÷5 D.20.75÷5 可以看出 D 选项被除数最小,所以商最小。

6. D 【思路导航】D 选项乘积的小数位数是四位,最小。

7. ①< ②> ③< ④>

第 35 周 提高卷

1. B 【思路导航】A中$S_{阴}=\frac{1}{2}S_{长方形}$,B中$S_{阴}>\frac{1}{2}S_{\square}$,$C$中$S_{阴}<\frac{1}{2}S_{正}$,而长方形、平行四边形和正方形的面积相等,所以 $B>A>C$。

2. 甲>乙 【思路导航】因为正方形和长方形的周长相等,所以甲、乙两图中两三角形的底和高的和相等,而甲的底和高相等,面积最大。因为我们知道两个数的和一定,两个数的差越小时,积越大。

3. 甲=乙 【思路导航】$S_{甲}=(1+3)\times h\div2$,$S_{乙}=4\times h\div2$,h 相等,则面积相等。

4. 1021, 9991 【思路导航】被 5 除或被 6 除都余 1,则该数是 5 和 6 的公倍数再加 1。先求 5 和 6 的最小公倍数为 30。是 30 的倍数的最小四位数为 1020,所以符合条件的最小四位数为 1021。是 30 的倍数的最大四位数是 9990,符合条件的最大四位数是 9991。

5. 186043 【思路导航】既是 11 的倍数,又是 13 的倍数,则是 11 和 13 的公倍数,先求它们的最小公倍数为 143,用 143×1300=185900 不符合题意,用 143×1301=186043,即为所求。

6. (1)红花 (2)红 23,黄 33,白 44

【思路导航】100 朵花按 2 红、3 黄、4 白的顺序排列,周期为 9。(1)最后一朵 100÷9=11(组)……1(朵),100 朵可以分成 11 组还余一朵,这一朵是一组的第一朵为红色,所以最后一朵花是红色。(2)100 朵花共可分为 11 组还余 1 朵红花,所以红花有 2×11+1=23(朵),黄花有 3×11=33(朵),白花有 4×11=44(朵)。

第 36 周 火车行程问题(基础卷)

1. 25 秒 【思路导航】由于火车长 360 m,以车头为准,通过全长 90 m 的大桥,直至车尾也离开大桥,火车共行 360+90=450(m),每秒行 18 m,共需 450÷18=25(秒)。

2. 12 秒 【思路导航】火车从车头追小明到车尾离开小明,共行 180 m,而火车相对于小明的速度为 18−3=15(m/s),则火车追上并超过小明共用 180÷15=12(秒)。

3. 190 m 【思路导航】当 A 火车追上 B 火车并超过 B 火车,共行了两辆火车的车长。A 火车每秒比 B 火车多行 25-20=5(m),80秒共多行 5×80=400(m),A 火车长 210 m,则 B 火车长 400-210=190(m)。

4. 192 m 【思路导航】火车通过大桥时,所行的路程是桥长加车长,火车每分钟行 720 m,8.6 分钟共行 720×8.6=6192(m),则这列火车长为 6192-6000=192(m)。

5. 20 秒 【思路导航】列车通过大桥行驶的路程为桥长加车长,即 240+160=400(m),每秒行 20 m,需要行 400÷20=20(秒)。

6. 16 秒 【思路导航】(210+190)÷25=16(秒)。

第 36 周 提高卷

1. 速度:每秒钟 7 m,长度:360 m

【思路导航】设火车的速度为每秒 x m,

$100x-340=72x-144 \quad x=7$(m)

火车长度为 7×100-340=360(m)。

2. 12 秒 【思路导航】从两车相遇到两车离开,一共要行 168+288=456(m),两车每秒共行 23+15=38(m),共需 456÷38=12(秒)。

3. 150 m 【思路导航】火车 20 秒共行 25×20=500(m),其中车长 350 m,则桥长为 500-350=150(m)。

4. 甲:240 m, 乙:180 m

【思路导航】两车齐头并进,甲超过乙,则甲比乙多行甲车的车长, 所以甲车的长度为(18-12)×40=240(m);两车齐尾并进,甲超过乙,则甲车比乙车多行乙车的车长,所以乙车的长度为(18-12)×30=180(m)。

5. 40 秒, 32 秒 【思路导航】可参考第 4 题的思路。

6. 14 m/s 【思路导航】老李每秒走 60÷60=1(m),与车相遇到相离共行 300 m,用了 20 秒,老李和火车的速度之和为 300÷20=15(m/s),火车的速度为 15-1=14(m/s)。

第 37 周 简单列举(基础卷)

1. 24 种 【思路导航】第一个可以放四种颜色中的任一种,共 4 种选择,第二个有 3 种选择,第三个位置有 2 种选择,第四个只有一种选择,所以共有 4×3×2×1=24(种)。

2. 10 个 【思路导航】偶数末尾只能为 0 或 2,则 120,210,310,320,130,230,312,132,302,102 共 10 个。

3. 120 种 【思路导航】按从左向右的顺序排列,第 1 个位置可以有 5 种选择,第 2 个位置有 4 种选择……依次进行下去,第五个位置只有 1 种选择,排法共 5×4×3×2×1=120(种)。

4. 22 块 【思路导航】如图列表列举。

直线的条数	1	2	3	4	5	6	…
分成的份数	2	4	7	11	16	22	…

5. 79 份 【思路导航】

直线的条数	把圆分成的份数	算式
1	2	1+1
2	4	1+1+2
3	7	1+1+2+3
4	11	1+1+2+3+4
…	…	…

依次下去,可得 12 条直线可以将圆分成 1+1+2+3+…+11+12=79(份),所以在一张圆形纸片中画 12 条直线,最多能分 79 份。

6. 20 次 【思路导航】9,19,29,…,89 9 次

90,91,…,99 11 次

数字“9”出现 11+9=20(次)。

第 37 周 提高卷

1. 25 份 【思路导航】根据题意可知:一条横的线和一条竖的平行线可将圆形纸片分成

4 份;两条横的平行线和两条竖的平行线可将圆形纸片分成 9 份;三条横的平行线和三条竖的平行线可将圆形纸片分成 16 份;而 4 条横的平行线和 4 条竖的平行线可将圆形最多分成 25 份。规律为$(n+1)^2$。

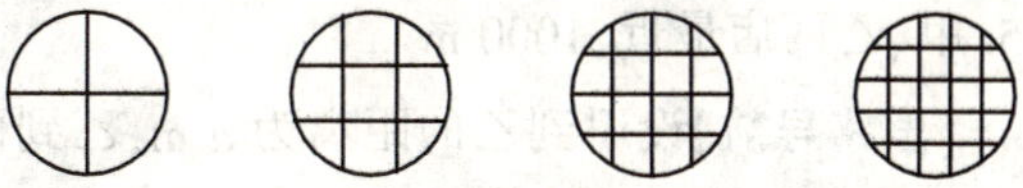

2. 1640 【思路导航】

a	1	2	3	4	5	…	40	41	42	…
b	80	79	78	77	76	…	41	40	39	…
ab	80	158	234	308	380	…	1640	1640	1638	…

通过列举,列表比较可知 a、b 两数越接近时,两数的乘积越大,当两数分别为 40 和 41 时,乘积最大为 1640。

3. 36 m^2 【思路导航】由题意知四边形的周长为 24 m,则长和宽的和为 12 m,由上题的结论可知和为定值的两个数,差越小,它们的积越大,当两数差为零,即两数相等时,积最大,所围的面积最大为$6\times6=36(m^2)$。

4. 最大:990, 最小:54

【思路导航】由上面两题的结论引申可知,和为定值的三个数,它们相差越小时,积越大;差越大时,积越小。当三个自然数不相同时,它们的差越小积越大,即 $abc_{最大}=9\times10\times11=990$;而当 $a=1,b=2,c=27$ 时,abc 最小,为 $1\times2\times27=54$。

5. 81 个 【思路导航】从 1~89 的自然数中,含有数字“9”的数有 9,19,29,…,89 共有 9 个;从 90 到 100 的自然数中,含有数字“9”的数有 90,91,92,…,99,共有 10 个,所以从 1 到 100 自然数中含有“9”的数字共有 19 个,不含“9”的数有 100-19=81(个)。

6. 4000 个 【思路导航】由上题可知从 1 到 100 的自然数中,含有数字“9”的数共 19个,其中数字 99 中共含有 2 个“9”,所以 1~100 中共有 20 个“9”,同样从 101 到 200 中,共含有 20 个“9”……从 801 到 899 中共含有 20 个“9”,所以从 1~899 中共含有 20×9=180 (个)“9”。而 900 到 999 中共含有 100+20=120(个)“9”;而 1001~1999 中共含 180+120=300(个)“9”,2001~2999 中共含有 300 个“9”;而 1001~8999 中共含 300×8=2400 个“9”;从 9000~9999 中含有共 1300 个“9”。所以从 1 到 10000 的自然数中共有数字“9”:180+120+2400+1300=4000(个)。

第 38 周 最大最小问题(基础卷)

1. 【思路导航】使各边之和为 12。

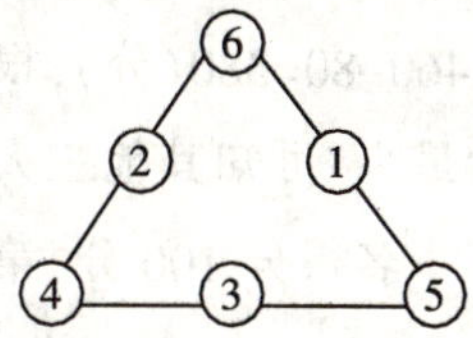

2. (答案不唯一)

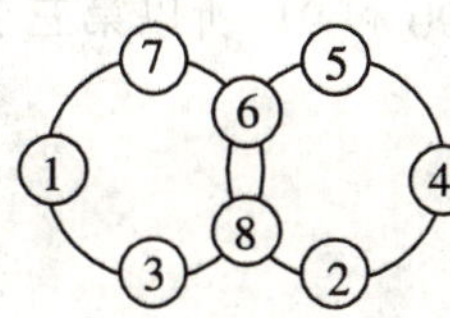

3. 3 次 【思路导航】第一把锁最多试两次,第二把锁最多试一次,第三把锁不用试即可确定哪把钥匙能开。所以最多要试 3 次。

4. 15 元 【思路导航】由题意知五人共收集汽车票一共 3×1+3×2+2×5+4×10=59(元)。要使汽车票价钱最多的同学车票价钱尽量少,那么另外四人就尽可能多些。而 59÷5=11(元)……4(元),而五位同学车票价钱各不相同,则其他四人车票价钱可为 6,11,13,14 或 9,10,12,13 等。车票价钱最多的同学最少有 10+5=15(元)的车票。

5. 46 岁 【思路导航】四个人的年龄之和为

100,若最大尽可能大的话,其他三人年龄要尽可能小,最小的为 17 岁,且四人的年龄都不同, 则依次为 17,18,19, 最大的是 100−(17+18+19)=46(岁)。

6. 10 次 【思路导航】同第 3 题。

第 38 周 提高卷

1. 24 【思路导航】设三位数为 x,由题意知 x÷39=a……b,若 $a-b$ 为最大,则 b 应为最小的整数 1,a 应尽可能大,假设 x 为最大的三位数 999,999÷39 商 25,说明 a 最大只能为 25,而 b 最小只能为 1,所以 $a-b$ 的最大值为 25−1=24。

2. 91 分 【思路导航】由题可知五人的总分为 92×5=460(分),除分数最少的为 80 分外,其余四人的总分为 460−80=380(分),根据第三名同学得分要“最少”可知其他三人的得分要尽量高,故第一名得分 100 分,第二名得分 99 分,剩余 380−100−99=181 分,最接近的两个不同分是 90 和 91,所以第三名最少得 91 分。

3. BCD 【思路导航】

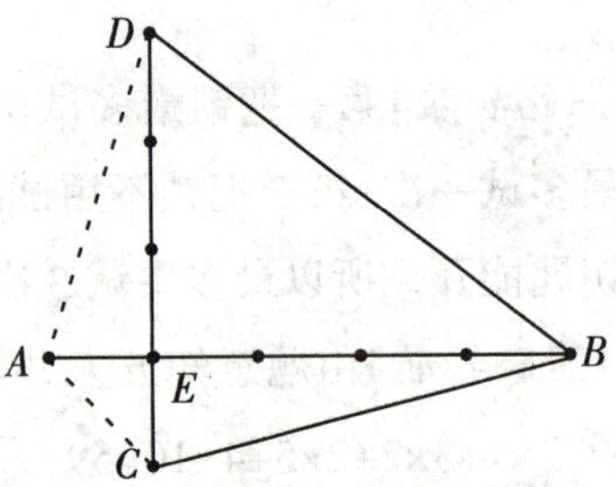

如图所示,取 B、D、C 三点时,三角形的面积最大。假设 $AB=5m$,$CD=4n$,则 $S_{\triangle BDC}=4m\times 4n\div 2=8mn$,而 $S_{\triangle ABD}=5m\times 3n\div 2=7.5mn$,所以 $S_{\triangle BDC}$ 最大。

4. 17 分钟 【思路导航】由题意知,移动 7 张桌子共需 4+5+6+7+8+9+10=49(分),平均分给三个同学去搬 49÷3=16(分)……1(分),但实际做不到。要想花最少的时间全要搬完,则三人所用的时间最接近,根据各桌子移动所需时间,可组合为 10+6=16(分),9+7=16(分),4+5+8=17(分),所以至少要花 17 分钟全部移完。

5. 甲、乙两店最近,1000 m

【思路导航】设甲到乙的距离为 a m,乙到丙的距离为 b m,丙到甲的距离为 c m,根据题意可做图

①甲 $\xrightarrow{a}$ 乙 $\xrightarrow{b}$ 丙 3000 m

②乙 $\xrightarrow{b}$ 丙 $\xrightarrow{c}$ 甲 3500 m

③丙 $\xrightarrow{c}$ 甲 $\xrightarrow{a}$ 乙 2500 m

②−①+③得 $(b+c)-(a+b)+(c+a)=2c$

则 c=(3500−3000+2500)÷2=1500(m)

a=2500−1500=1000(m)

b=3000−1000=2000(m)。

6. 英语:78;语文:94;数学:98 数学最高

【思路导航】由题意可知:

语文和数学的成绩和为 96×2=192(分) ①

数学和英语的成绩和为 88×2=176(分) ②

语文和英语的成绩和为 86×2=172(分) ③

(①+②+③)÷2 可得数+语+英语的总成绩为 (192+176+172)÷2=270(分)

所以可得三门功课的成绩分别为

语文:270−176=94(分)

数学:270−172=98(分)

英语:270−192=78(分),数学成绩最高。

第 39 周 推理问题(基础卷)

1. 孙、钱、李、赵

2. 924 【思路导航】由 694 和 594 知编号的末位是 4,由 423 和 720 知编号的中间数为 2,末尾数为 4,第一个数为 9。

3. $A-E$,$F-C$,$D-B$ 【思路导航】

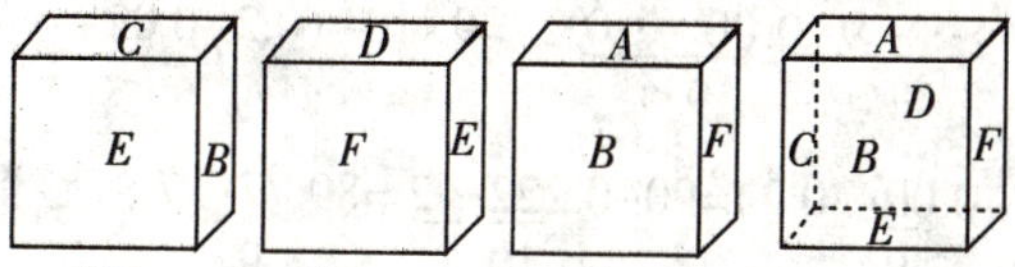

(1)　(2)　(3)

从(1)(3)可以看出，B 的对面不会是 A、F，也不会是 C、E，只能是 D。从(2)(3)可以看出 F 的对面不是 D、E，也不会是 A、B，只能是 C，则剩下 A 的对面一定是 E。

4.博士：张；教授：王；副教授：李

【思路导航】由王和副教授不同岁，副教授比张小，知副教授是李，由李比教授年龄大，比张年龄小，知教授是王，则博士是张。

5. 孙　【思路导航】李只能教自然，则钱实际只能教语文，则孙实际只能教数学。

第 39 周　提高卷

1.C　【思路导航】由 A 可知 C 比 A 回来得晚，由 B 知 B 比 D 回来得晚，由 C 知，B 比 C 早；D 比 B 早，B 比 C 早，则 D 也比 C 早，可知 C 回来的最晚。

2.乙房　【思路导航】假设丙说的正确，则小王不在甲房，那甲说小王在此房是错的，乙说的也是错的，则小王在乙房间。

3.11 条　【思路导航】一共有 125 条鱼，除 11 以外，其他数字之和可以被 6 整除，且(12+21+22+40)÷(10+9)=5，所以黑色的金鱼有 11 条。

4.8 千克　【思路导航】水果总量为 120 千克，除了 8 千克外，其他之和可以被 4 整除，且(27+57)÷(21+7)=3，所以香蕉重 8 千克。

5.5 本　【思路导航】同上题，除 5 外，其余数之和可以被 7 整除，且(26+25+38+3+4)÷16=6，所以卡通书有 5 本。

6.第 4 天　【思路导航】第 1 天，第 2 天，……各看 2，4，8，16，32，64 页，刚好共看 126 页，第 4 天看到 24 页。

期末测试(二)

1. 14.5 克　【思路导航】由题意知 8 个砝码共重 2+3+4×2+5+6+8.5+10=42.5(克)，将它们分成三堆，要使三堆尽可能轻，根据 42.5÷3=14(克)……0.5(克)可得最重的一堆为 14.5 克，即由 6 克和 8.5 克的砝码组成。

2. 36 次　【思路导航】开第一把锁时最多要试 8 次才能确定钥匙；剩下的 8 把钥匙再来开第二把锁，最多试 7 次；依次进行下去……开第 8 把锁时只剩 2 把钥匙，最多试 1 次就可以确定哪把钥匙可将其打开，而剩下的锁和钥匙不用试就可以知道，所以最多要试 8+7+6+…+2+1=36(次)可知哪把钥匙开哪把锁。

3. 13 只　【思路导航】最坏的情况是先抓 10 只一种颜色的，再抓另两种颜色的各一只，这样有 12 只了，任意再抓一只就组成两双不同颜色的。所以最少要拿 13 只才能保证其中至少有两双颜色不同的袜子。

4. 1~8 页　【思路导航】由题意可知烧掉 4 张纸共 8 页，而标页码用的数字从 183 个减至 175 个，少了 183−175=8(个)，8 个数字刚好标 8 页，页数只能是一位数 1~8，所以烧掉的是第 1 页~第 8 页。

5. 10.5 m^2　【思路导航】根据题意"倒推"，第十天面积为 84 m^2，由每天生长的面积扩大到原来的 2 倍知第九天面积为 84÷2=42(m^2)，第八天草坪的面积为 42÷2=21(m^2)，第七天草坪的面积为 21÷2=10.5(m^2)。

6. 第 17 天　【思路导航】依据题意进行"倒推"，由于每天繁殖 1 倍，第 20 天繁殖到 40000 个，第 19 天繁殖到 40000÷2=20000(个)，第 18 天繁殖到 20000÷2=10000(个)，故第

17 天繁殖到 $10000 \div 2=5000$(个)。所以繁殖到 5000 个时是第 17 天。

7. 30 人 【思路导航】由题意知,懂英语的导游有 70 人,懂日语的导游有 60 人,他们的和比总人数多 $60+70-100=30$(人),这是因为既懂英语又懂日语的导游被统计了两次,而这 30 个人就是既懂英语又懂日语的,用懂日语的人数减去其中两种语言都懂的,剩下的就是只懂日语的,即 $60-30=30$(人)。所以只懂日语的只有 30 人。

8. 16 人 【思路导航】由题意知报名数学、语文、英语的人共有 $34+35+31=100$(人),其中每人报 2 门不同科目, 所以实际报名的人数只有 $100 \div 2=50$(人),其中报了数学的人,不能同时报语文和英语, 所以同时报英语和语文的人共 $50-34=16$(人)。

9. 15 天 【思路导航】由题意知甲做 2 天的工程乙需 6 天完成, 即甲工作 1 天等于乙工作 3 天,如果都由乙来完成的话,则乙需要 $5 \times 3+3=18$(天),甲工作一天后由乙来完成需 $18-3=15$(天)。

10. 89 【思路导航】原式 $=(9-0.2)+(9-0.02)+\cdots+(9-0.\underbrace{00\cdots0}_{9\text{个}}2)=9\times10-(0.2+0.02+\cdots+0.\underbrace{00\cdots0}_{9\text{个}}2)=90-0.2\underbrace{22\cdots2}_{10\text{个}}=89.7\underbrace{7\cdots7}_{9\text{个}}8$,整数部分为 89。

11. 1.14 km 【思路导航】小强每分钟行 300 m,行 2850 m 需要 $2850 \div 300=9.5$(分),小明、小刚相向而行,速度之和为 $55+65=120$(米/分),9.5 分钟相遇,则甲、乙两地相距 $120 \times 9.5=1140$(m)$=1.14$(km)。

12. 8.75 时 【思路导航】根据题意,甲、乙两船的速度和为 $350 \div 5=70$(千米/时),而甲船顺水速度=水速+船速,乙船逆水速度=船速−水速, 因此两船速度之和为船速的 2 倍,可算出船速为 $70 \div 2=35$(千米/时),所以甲顺水速度为 $35+5=40$(千米/时),从 A 到 B 的时间为 $350 \div 40=8.75$(时)。

13. 17 千克 【思路导航】由题意知苹果是梨的 5 倍, 则苹果和梨的总量能被 6 整除。1,3,12,21,17,35 六个数字中除 17 外,其余五个数字之和为 72,刚好可以被 6 整除,且 $(1+3+21+35) \div 12=5$。所以香蕉重 17 千克。